轻量级 Java Web 整合开发入门——
Struts 2+Hibernate 4+Spring 3

主　编　段鹏松　李占波
副主编　张　晗　曹仰杰　宋　冰

清华大学出版社
北　京

内 容 简 介

SSH(Struts、Spring、Hibernate)框架是目前 Java Web 开发中应用非常广泛的开源框架组合，基于 SSH 框架，开发人员可以在短期内搭建结构清晰、可复用性好、维护方便的 Java Web 应用程序。

本书详细讲解了 Struts 2、Hibernate 和 Spring 的基本用法，及其相互之间的整合流程，可以作为初学者学习 Java EE 整合开发的入门教程。全书共 7 章，可分为 3 部分：第 1～2 章是第 1 部分，介绍了 Java EE 开发的基础知识以及一些常见的设计模式；第 3～5 章是第 2 部分，详细介绍了 Struts 2 框架、Hibernate 框架和 Spring 框架的概念及基本使用方法，该部分内容是本书的核心；第 6～7 章是第 3 部分，主要介绍 SSH 框架的整合流程，该部分是作者多年使用 SSH 框架整合过程的经验总结，以及对一些典型整合中可能遇到问题的归纳总结，希望读者在整合的过程中，少走弯路，提高效率。

本书介绍的 Struts 框架的版本为 Struts 2.3.16，Hibernate 框架的版本为 Hibernate 4.2.0，Spring 框架的版本为 Spring 3.0。因为不同版本相互整合时可能会存在一些兼容性问题，所以若以本书作为学习 Java EE 框架的教程，或是运行本教程附带源代码时，最好选择和本书一样的版本。

本书语言简洁，内容丰富，既可作为 SSH 框架初学者的入门教材，也可作为高等院校相关专业的教材和辅导用书。

本书封面贴有清华大学出版社防伪标签，无标签者不得销售。
版权所有，侵权必究。侵权举报电话：010-62782989　13701121933

图书在版编目(CIP)数据

轻量级Java Web整合开发入门——Struts 2+Hibernate 4+Spring 3/段鹏松，李占波 主编. —北京：清华大学出版社，2015（2018.3重印）
　ISBN 978-7-302-40111-7

　Ⅰ．①轻… Ⅱ．①段… ②李… Ⅲ．①JAVA语言—程序设计 Ⅳ．①TP312

中国版本图书馆 CIP 数据核字(2015)第 089491 号

责任编辑：王　定
封面设计：杜丽雅
版式设计：思创景点
责任校对：邱晓玉
责任印制：王静怡

出版发行：清华大学出版社
　　网　　址：http://www.tup.com.cn，http://www.wqbook.com
　　地　　址：北京清华大学学研大厦 A 座　　　　　邮　编：100084
　　社 总 机：010-62770175　　　　　　　　　　　　邮　购：010-62786544
　　投稿与读者服务：010-62776969，c-service@tup.tsinghua.edu.cn
　　质 量 反 馈：010-62772015，zhiliang@tup.tsinghua.edu.cn
　　课 件 下 载：http://www.tup.com.cn，010-62794504
印 刷 者：北京鑫丰华彩印有限公司
装 订 者：三河市溧源装订厂
经　　销：全国新华书店
开　　本：185mm×260mm　　　　　印　张：15　　　　字　数：374 千字
版　　次：2015 年 9 月第 1 版　　　　印　次：2018 年 3 月第 5 次印刷
印　　数：7661～9160
定　　价：38.00 元

产品编号：063454-01

PREFACE

由于 Java 语言的跨平台性以及 Web 应用的广泛发展，Java EE 平台已经成为各大行业应用的首选开发平台。Java EE 开发可分为两种模式：一种是以 Spring 为核心的轻量级 Java EE 企业开发；另一种是以 EJB3+JPA 为核心的经典 Java EE 开发。无论使用哪种平台进行开发，应用的性能及稳定性都有很好的保证，开发人群也较多。近年来，随着开源力量的迅速增长，使用轻量级 Java EE 开发的人数和市场占有率基本上已经超过了经典 Java EE 开发，有后来居上之势。

本书的主要内容就是介绍轻量级 Java EE 开发的相关框架，主要包括 Struts 2、Hibernate 和 Sping 框架，以及这 3 个框架的整合流程，也称 SSH 整合开发。这种整合开发模式在保留经典 Java EE 应用架构、高度可扩展性、高度可维护性的基础上，降低了 Java EE 应用的开发和部署成本，对于大部分的中小型企业应用是首选。

目前市面上讲述 SSH 框架的书籍不少，但是有一个缺点就是内容过多，大多是七八百页的大部头书籍，让初学者望而生畏。编者从事 Java EE 开发已经超过 5 年，深感对于框架初学者来说，并不是需要一本把所有的知识点都全部包含，把所有相关内容都讲到的书籍，而是需要一本能引导他们掌握框架的基本知识和基本使用流程的书籍。有过开发经验的人都知道，要想非常透彻和深刻地理解框架，没有几个实际项目的锻炼是不可能的。鉴于此，本书不求大而全，但求基础和实用。本书具有以下特点：

- ➢ 以精炼的语言，讲述 SSH 框架的基础知识；
- ➢ 完整实例介绍+经验总结+详细操作步骤；
- ➢ 所讲内容不仅仅是 SSH 框架，也涉及 Java 领域常用的其他框架，如经典 Java EE 框架等；
- ➢ 使学生不仅掌握 SSH 框架，更要明白框架的原理，并能对 Java 开发常见的框架有一定的了解和认识。

从 2010 年开始教授 SSH 框架课程至今，从对框架的肤浅认识，到对框架的熟练掌握，再到能掌握其基本原理。一路过来，走了不少弯路。也深深地体会到，教会学生学习的方法比掌握知识更重要。谨以此书，把个人学习和教授框架的经验，与广大初学者分享，希望能帮助大家在框架学习的道路上少走弯路。

本书共 7 章，可以分为 3 部分。

第 1 部分(第 1 章和第 2 章)，Java EE 开发的基础知识。其中，第 1 章主要介绍 Java EE 开发的基础知识，以及经典 Java EE 开发和轻量级 Java EE 开发的概念以及区别；第 2 章主要介绍一些常见的设计模式。实际上，框架的实现就是一系列设计模式的应用(如 Struts 2 框架就体现了 MVC 模式的思想，Spring 框架从整体来说实际是工厂模式的思想)，掌握了设计模式的原理，就能对框架的底层实现有更深刻的理解。

第 2 部分(第 3~5 章)，SSH 框架介绍。该部分内容是本书的核心。第 3 章主要介绍 Struts 2 框架的概念、下载方法、标签库以及一些高级应用；第 4 章主要介绍 Hibernate 框架相关的概念、基本用法以及高级应用；第 5 章主要介绍 Spring 框架的概念、基本用法以及高级应用。学习完这 3 个章节的内容后，可以分别掌握 Struts 2 框架、Hibernate 框架和 Spring 框架的的基本使用流程。但是该部分介绍的框架是相互独立的，若要掌握框架整合的知识，还需学习第 3 部分。

第 3 部分(第 6 章和第 7 章)，SSH 框架的整合流程。该部分是作者多年使用 SSH 框架整合过程的经验总结，以及对一些典型整合中可能遇到问题的归纳总结，希望读者在整合的过程中，提高效率，少走弯路。其中，第 6 章主要介绍 SSH 框架相互整合的流程，以及轻量级整合和经典整合的区别；第 7 章主要总结了一些 Java Web 开发中常见的问题，以及相应的解决方案。学习就是不断遇到问题，然后在解决问题的过程中不断提高的过程。

学习框架，要先学会使用，在此基础之上再深入了解其原理，理解其思想。编程时使用框架和盖房子使用框架是一个道理。修一个小房子不需要框架，甚至可以边修边设计，但是要盖高楼大厦，则必须要使用框架。对于写程序也是一样的道理，小程序使用框架有点"杀鸡用牛刀"的感觉，也没有必要。程序规模到一定程度后，为了程序的协同开发及后期的软件扩展和维护，则必须使用框架。或者可以这么说，使用框架就相当于站在了巨人的肩膀上，用得好，可以达到事半功倍的效果。

本书由段鹏松、李占波主编。段鹏松负责制定编写大纲、规划各章节内容，并完成全书统稿以及代码调试工作。其中，段鹏松主编第 1、5、6、7 章，张晗主编第 2 章，曹仰杰主编第 3 章，宋冰主编第 4 章。此外，参与本书资料搜集和整理的还有史晓东、徐鹏飞、袁振风等人，在此，编者对他们表示衷心感谢。

由于时间仓促，加之编者水平有限，书中难免存在疏漏和不足之处，恳请读者批评、指正。

编　者

2015 年 5 月

目录
CONTENTS

第 1 章 轻量级 Java Web 开发概述 ……… 1
- 1.1 Java 概述 ……… 1
- 1.2 Java Web 开发概述 ……… 2
  - 1.2.1 Java Web 项目基本结构 ……… 2
  - 1.2.2 轻量级 Java Web 开发概述 ……… 7
  - 1.2.3 经典 Java Web 开发概述 ……… 7
- 1.3 常用的 Java Web 服务器 ……… 7
- 1.4 轻量级 Java Web 开发环境 ……… 9
  - 1.4.1 环境变量的配置 ……… 9
  - 1.4.2 常用的集成开发环境 ……… 10
- 1.5 轻量级 Java Web 开发相关技术 ……… 11
  - 1.5.1 JSP 简介 ……… 12
  - 1.5.2 数据库技术简介 ……… 13
  - 1.5.3 配置文件的格式 ……… 13
  - 1.5.4 其他相关软件 ……… 15
- 1.6 Java Web 项目的部署 ……… 15
  - 1.6.1 拷贝部署法 ……… 15
  - 1.6.2 WAR 包部署法 ……… 16
  - 1.6.3 IDE 部署法 ……… 17
- 1.7 学习轻量级 Java Web 开发的方法 ……… 18
- 1.8 本章小结 ……… 18
- 1.9 习题 ……… 18
- 1.10 实验 ……… 19

第 2 章 设计模式概述 ……… 21
- 2.1 单例模式 ……… 22
- 2.2 工厂模式 ……… 23
  - 2.2.1 简单工厂模式 ……… 23
  - 2.2.2 工厂方法模式 ……… 27
  - 2.2.3 抽象工厂模式 ……… 29
- 2.3 代理模式 ……… 31
- 2.4 命令模式 ……… 33
- 2.5 策略模式 ……… 36
- 2.6 MVC ……… 38
- 2.7 本章小结 ……… 40
- 2.8 习题 ……… 41
- 2.9 实验 ……… 42

第 3 章 Struts 2 框架 ……… 43
- 3.1 Struts 2 框架概述 ……… 43
  - 3.1.1 Struts 2 框架的由来 ……… 43
  - 3.1.2 Struts 2 框架的下载和安装 ……… 44
  - 3.1.3 Struts 2 框架的体系结构图 ……… 45
- 3.2 Struts 2 框架的基本用法 ……… 46
  - 3.2.1 使用 Struts 2 框架的开发步骤 ……… 47
  - 3.2.2 Struts 2 框架的 Action 接口 ……… 48
  - 3.2.3 Struts 2 框架的配置文件 ……… 49
  - 3.2.4 完整的 Struts 2 框架应用实例 ……… 50
- 3.3 Struts 2 框架的标签库 ……… 57
  - 3.3.1 Struts 2 标签库和 JSP 标签库的区别 ……… 57
  - 3.3.2 常用的 Struts 2 标签介绍 ……… 58
  - 3.3.3 Struts 2 框架的国际化支持 ……… 59
  - 3.3.4 用户注册的实例 ……… 64
- 3.4 Struts 2 框架的高级应用 ……… 66
  - 3.4.1 Struts 2 的类型转换 ……… 66

3.4.2 Struts 2 的输入校验 …………… 72
3.4.3 Struts 2 的文件上传与下载 …… 76
3.4.4 Struts 2 的拦截器 ……………… 83
3.5 本章小结 ……………………………… 90
3.6 习题 …………………………………… 91
3.7 实验 …………………………………… 92

第 4 章 Hibernate 框架 …………………… 93
4.1 Hibernate 框架概述 …………………… 93
  4.1.1 ORM 的概念 …………………… 93
  4.1.2 常用的 ORM 框架 ……………… 94
  4.1.3 JPA 的概念 …………………… 94
  4.1.4 Hibernate 的下载和安装 ……… 95
  4.1.5 Hibernate 框架的结构图 ……… 96
4.2 Hibernate 框架的基本用法 …………… 98
  4.2.1 使用 Hibernate 框架的流程 …… 98
  4.2.2 Hibernate 框架的核心类 ……… 110
  4.2.3 持久化类的概念 ……………… 112
  4.2.4 Hibernate 框架的配置文件 …… 114
  4.2.5 Hibernate 框架的映射文件 …… 116
  4.2.6 使用 Hibernate 进行增删改查 … 118
4.3 Hibernate 框架的高级应用 ………… 124
  4.3.1 Hibernate 框架的关联映射 …… 124
  4.3.2 Hibernate 框架的查询 ………… 138
  4.3.3 Hibernate 的批量处理 ………… 146
4.4 本章小结 …………………………… 149
4.5 习题 ………………………………… 149
4.6 实验 ………………………………… 150

第 5 章 Spring 框架 ……………………… 151
5.1 Spring 框架概述 …………………… 151
  5.1.1 Spring 框架简介 ……………… 152
  5.1.2 Spring 框架的下载和安装 …… 153
  5.1.3 Spring 框架的结构图 ………… 154
  5.1.4 使用 Spring 框架的好处 ……… 156
5.2 Spring 框架的基本用法 …………… 157
  5.2.1 使用 Spring 框架的流程 ……… 157

5.2.2 Spring 框架的使用范围 ……… 158
5.2.3 Spring 框架的依赖注入 ……… 159
5.2.4 Spring 框架的配置文件 ……… 164
5.3 Spring 框架的高级应用 …………… 165
  5.3.1 Spring 的后处理器 …………… 165
  5.3.2 Spring 的资源访问 …………… 168
  5.3.3 Spring 的 AOP ………………… 171
  5.3.4 使用 AOP 进行权限验证及
     日志记录 ……………………… 172
5.4 Java 的反射和代理 ………………… 176
  5.4.1 Java 的反射 …………………… 176
  5.4.2 Java 的代理 …………………… 181
5.5 本章小结 …………………………… 186
5.6 习题 ………………………………… 186
5.7 实验 ………………………………… 187

第 6 章 轻量级整合开发实例 …………… 189
6.1 整合开发概述 ……………………… 189
  6.1.1 为什么要整合开发 …………… 189
  6.1.2 常用的轻量级整合开发 ……… 189
6.2 Struts 和 Hibernate 的整合
  开发 ………………………………… 190
  6.2.1 整合开发步骤 ………………… 190
  6.2.2 整合开发实例 ………………… 190
6.3 Struts、Hibernate 及 Spring 的
  整合开发 …………………………… 202
  6.3.1 整合开发步骤 ………………… 203
  6.3.2 整合开发实例 ………………… 203
  6.3.3 整合开发注意事项 …………… 205
6.4 SSH 整合开发实例：权限管理
  系统 ………………………………… 206
  6.4.1 项目概述 ……………………… 206
  6.4.2 项目详细创建过程 …………… 207
  6.4.3 项目小结 ……………………… 221
6.5 轻量级整合和经典整合的
  区别 ………………………………… 221

6.6	本章小结 ································221		7.2.3	1-N 双向关联映射统一外键问题································226
6.7	习题 ································221		7.2.4	Hibernate 3 和 Hibernate 4 二级缓存的配置区别················226
6.8	实验 ································222		7.2.5	Hibernate 生成表的默认名称对 Linux 和 Windows 的区别······227
第 7 章	**Java Web 开发常见问题**········223		7.2.6	Linux 和 Windows 对路径表示方式的区别··························228
7.1	Struts 2 框架常见问题 ··············223	7.3	Spring 框架常见问题 ················228	
	7.1.1 核心过滤器的配置················223	7.4	一切问题的根源·······················228	
	7.1.2 Web 页面中文乱码问题·········224			
7.2	Hibernate 框架常见问题···········224			
	7.2.1 MySql 服务不能启动·············224			
	7.2.2 MySql 数据库乱码问题··········225			

第 1 章
轻量级Java Web开发概述

1.1 Java 概述

Java 语言是 Sun Microsystems 公司于 1995 年 5 月推出的一种完全面向对象的程序设计语言，由 James Gosling 和同事们共同研发。Java 平台一经推出，就受到开发者的广泛好评及大量使用，到目前为止，仍非常流行。以至于微软公司推出了与之竞争的 .NET 平台以及模仿 Java 的 C# 语言。2009 年，Sun 公司被 Oracle 公司收购，目前 Java 平台的维护和扩展都是由 Oracle 公司负责的。

运行 Java 程序必须先安装 JDK(Java Development Kit)。JDK 是整个 Java 的核心，包括 Java 运行环境、Java 工具和 Java 基础类库。从 JDK 5.0 开始，提供了泛型等非常实用的功能，其版本也不断更新，运行效率得到了非常大的提高。目前最新的 JDK 版本为 JDK 8.0。

Java 语言的风格十分接近 C、C++语言。Java 是一个纯粹面向对象的程序设计语言，它继承了 C++语言面向对象技术的核心内容；舍弃了 C 语言中容易引起错误的指针(以引用取代)、运算符重载(Operator Overloading)、多重继承(以接口取代)等特性，增加了垃圾回收器功能，用于回收不再被引用对象所占据的内存空间，使得程序员不用再为内存管理而担忧。在 Java 1.5 版本后，Java 又引入了泛型编程(Generic Programming)、类型安全的枚举、不定长参数和自动装/拆箱等语言特性。

Java 不同于一般的编译执行计算机语言和解释执行计算机语言。它首先将源代码编译成二进制字节码(Bytecode)，然后依赖各种不同平台上的虚拟机来解释执行字节码。从而实现了"一次编译、到处执行"的跨平台特性。不过，每次执行编译后的字节码需要消耗一定的时间，这同时也在一定程度上降低了 Java 程序的运行效率。

根据开发应用程序的不同类型，Java 分为 3 个开发体系。

➢ J2SE：Java 2 Platform, Standard Edition，主要开发桌面 Application 应用程序。

➢ J2EE：Java 2 Platform，Enterprise Edition，主要开发企业级的 Web 应用程序。

➢ J2ME：Java 2 Platform，Micro Edition，主要开发嵌入式设备的应用程序。

Java 语言的跨平台功能使其得到了广泛应用，这一点是 C#语言所不及的。虽然 Java 的执行效率相比其他语言有一定的下降，但是随着硬件性能的提升，这点效率损耗几乎可以忽略不计。

1.2 Java Web 开发概述

简言之，Java Web 开发是使用 Java 语言开发 Web 项目。一般来说，Web 项目包含服务器端和客户端。Java 的 Web 开发主要集中在服务器端，所使用的技术主要有 JSP、Servlet 以及一些集成的快速开发框架等。

Java 的 Web 框架虽然各不相同，但基本都遵循相同的思想：使用 Servlet 或者 Filter 拦截请求，使用 MVC 的思想设计架构，使用约定、XML 或 Annotation 实现配置，运用 Java 面向对象的特点，面向抽象实现请求和响应的流程，支持 JSP、Freemarker、Velocity 等视图。

Java Web 项目需要在容器内运行，这个容器就是支持 Java 的一些 Web 服务器，比如 Tomcat、Jetty、GlassFish、WebLogic、JBoss 等。不同类型的容器，其基本功能类似，但是对于 Java Web 项目的管理和扩展力度不同。

1.2.1 Java Web 项目基本结构

目前支持 Java 语言的集成开发环境(Integrated Development Environment，IDE)非常多，对于 Web 项目支持较好的 IDE 工具有 Eclipse、MyEclipse(实际上是对 Eclipse 插件的集成)、NetBeans 等。开发者使用 IDE 工具，可以快速高效地开发出适用于各种需求的 Web 应用程序。但是开发者不能太依赖于 IDE 工具，因为软件开发的主体从来都是人，而不是工具。IDE 工具可以把一些重复性的工作快速完成，提高开发者的工作效率，但是决不能替代人的作用。对于有经验的开发者，IDE 工具可以提高开发效率，但是对于初学者，IDE 工具掩盖了软件开发的基本步骤，使开发者愈加迷茫。建议初学者先不要使用 IDE，等掌握了 Java 程序运行的基本原理后再使用 IDE。

开发者应该对 Java Web 项目的基本结构非常了解，并且能理解 Java Web 项目的运行原理，这样才能从本质上掌握 Java Web 项目的开发基础。以下演示一个手动建立 Java Web 项目，并完成该项目部署的操作流程。

1. 手动建立 Java Web 项目

(1) 在任意路径下建立一个文件夹，名字可以是符合 Java 项目命名规则的任意名字，此处命名为 FirstWeb。

(2) 在 FirstWeb 文件夹内，分别建立一个 index.jsp 文件和 WEB-INF 文件夹，所建立的目录结构如图 1-1 所示。

(3) 在 WEB-INF 文件夹内，建立一个 web.xml 文件。

图 1-1　Web 项目目录结构

该项目中，index.jsp 文件的内容如下：

```
<%@ page contentType="text/html;charset=UTF-8" language="java" %>
<html>
<head><title>Simple jsp page</title></head>
<body>
    第一个 Java Web 项目
</body>
</html>
```

web.xml 文件的内容如下：

```
<?xml version="1.0" encoding="UTF-8"?>
<web-app id="WebApp_9" version="2.4" xmlns="http://java.sun.com/xml/ns/j2ee"
    xmlns:xsi="http://www.w3.org/2001/XMLSchema-instance"
    xsi:schemaLocation="http://java.sun.com/xml/ns/j2ee http://java.sun.com/xml/ns/j2ee/web-app_2_4.xsd">
    <welcome-file-list>
        <welcome-file>index.jsp</welcome-file>
    </welcome-file-list>
</web-app>
```

至此，该 Java Web 项目的基本构建完成。该项目虽然简单，却是一个最基本的 Web 项目，可以直接运行。

2. 手动部署 Java Web 项目

把前面步骤中创建的 FirstWeb 文件夹复制到 Tomcat 的 webapps 目录下，即完成该项目的部署，如图 1-2 所示。

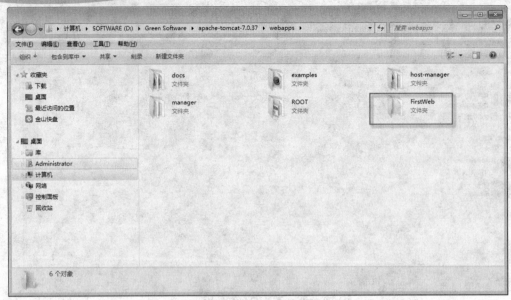

图 1-2　Web 项目部署

3. 测试 Java Web 项目

启动 Tomcat 服务器，测试该项目的运行，运行结果如图 1-3 所示。可以看到，第一个 Java Web 项目已经正常运行。

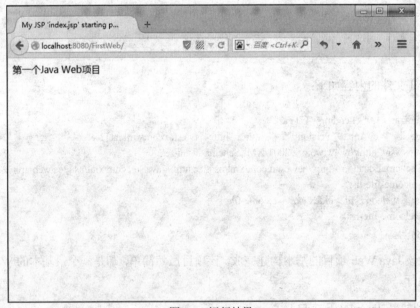

图 1-3　运行结果

4. Java Web 项目运行原理

从以上过程，可以看出一个 Java Web 项目的基本结构。一般来说，WEB-INF 是 Java Web 应用的安全目录，客户端无法访问，只有服务端可以访问。web.xml 文件为项目部署描述 XML

文件。如果想直接访问项目中的文件，必须通过 web.xml 文件对要访问的文件进行相应映射才能访问。WEB-INF 文件夹下除 web.xml 外，一般还有一个 classes 文件夹，用以放置 *.class 文件，有时还有 lib 文件夹，用于存放需要的 JAR 包。本演示项目因为功能非常简单，没有后台代码，也没有添加额外的 JAR 包，所以在 WEB-INF 下面没有 classes 文件夹和 lib 文件夹。

那么，一个 Web 项目究竟是如何运行的呢？打开图 1-4 所示的路径，可以看到，对于 index.jsp 文件，tomcat 容器相应地生成了一个 index_jsp.java 文件，并且把 Java 文件编译后又生成了一个 class 文件，即 Java 的字节码文件。

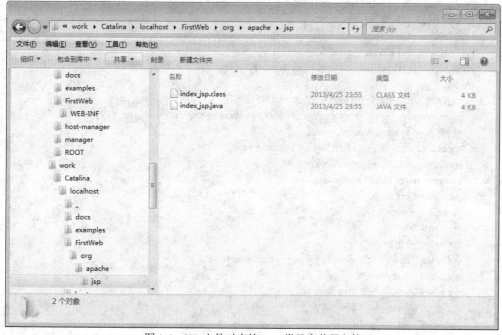

图 1-4 JSP 文件对应的 Java 类及字节码文件

index_jsp.java 文件的内容如下：

```
package org.apache.jsp;
import javax.servlet.*;
import javax.servlet.http.*;
import javax.servlet.jsp.*;
public final class index_jsp extends org.apache.jasper.runtime.HttpJspBase
    implements org.apache.jasper.runtime.JspSourceDependent {
  private static final javax.servlet.jsp.JspFactory _jspxFactory=javax.servlet.jsp.JspFactory.getDefaultFactory();
  private static java.util.Map<java.lang.String,java.lang.Long> _jspx_dependants;
  private javax.el.ExpressionFactory _el_expressionfactory;
  private org.apache.tomcat.InstanceManager _jsp_instancemanager;
  public java.util.Map<java.lang.String,java.lang.Long> getDependants() {
    return _jspx_dependants;
  }
  public void _jspInit() {
    _el_expressionfactory=
        _jspxFactory.getJspApplicationContext(getServletConfig().getServletContext()).getExpressionFactory();
    _jsp_instancemanager=
```

```
            org.apache.jasper.runtime.InstanceManagerFactory.getInstanceManager(getServletConfig()));
    }
    public void _jspDestroy() {   }
    public void _jspService(final javax.servlet.http.HttpServletRequest request,
            final javax.servlet.http.HttpServletResponse response)
            throws java.io.IOException, javax.servlet.ServletException {
        final javax.servlet.jsp.PageContext pageContext;
        javax.servlet.http.HttpSession session = null;
        final javax.servlet.ServletContext application;
        final javax.servlet.ServletConfig config;
        javax.servlet.jsp.JspWriter out = null;
        final java.lang.Object page = this;
        javax.servlet.jsp.JspWriter _jspx_out = null;
        javax.servlet.jsp.PageContext _jspx_page_context = null;
        try {
            response.setContentType("text/html;charset=UTF-8");
            pageContext = _jspxFactory.getPageContext(this, request, response, null, true, 8192, true);
            _jspx_page_context = pageContext;
            application = pageContext.getServletContext();
            config = pageContext.getServletConfig();
            session = pageContext.getSession();
            out = pageContext.getOut();
            _jspx_out = out;
            out.write("\r\n");
            out.write("<html>\r\n");
            out.write("<head><title>Simple jsp page</title></head>\r\n");
            out.write("<body>\r\n");
            out.write("      第一个 Java Web 项目\r\n");
            out.write("</body>\r\n");
            out.write("</html>");
        } catch (java.lang.Throwable t) {
            if (!(t instanceof javax.servlet.jsp.SkipPageException)){
                out = _jspx_out;
                if (out != null && out.getBufferSize() != 0)
                    try { out.clearBuffer(); } catch (java.io.IOException e) {}
                if (_jspx_page_context != null) _jspx_page_context.handlePageException(t);
                else throw new ServletException(t);
            }
        } finally {
            _jspxFactory.releasePageContext(_jspx_page_context);
        }
    }
}
```

可以看出，JSP 是一种编译执行的前台页面技术。对于每个 JSP 页面，Web 服务器都会生成一个相应的 Java 文件，然后再编译该 Java 文件，生成相应的 Class 类型文件。在客户端访问到的 JSP 页面，就是相应 Class 文件执行的结果。

至此，应该了解 JSP 页面运行的基本原理了。所有的 Web 项目，不管有多复杂，都是基于这个原理的。

1.2.2 轻量级 Java Web 开发概述

所谓轻量级，是指该组件或框架启动时依赖的资源较少，系统消耗较小，是一种相对的说法。轻量级框架侧重于减小开发的复杂度，相应地，它的处理能力便有所减弱(如事务功能弱，不具备分布式处理能力)，比较适用于开发中小型企业应用。采用轻量级框架，一方面可以尽可能地采用基于 POJO(Plain Old Java Object，简单 Java 对象)的方法进行开发，使应用不依赖于任何容器，这可以提高开发调试效率；另一方面轻量级框架多数是开源项目，开源社区提供了良好的设计和许多快速构建工具以及大量现成可供参考的开源代码，这有利于项目的快速开发。

一般说的轻量级 Java Web 开发，主要是指使用 Struts 2、Hibernate 和 Spring 这 3 个框架整合开发的 Web 项目开发模式，也就是本书所讲的 SSH 框架开发。目前，轻量级 Java Web 开发是使用较多的 Web 项目开发模式。

1.2.3 经典 Java Web 开发概述

所谓重量级，是指该组件或框架启动时依赖的资源较多，系统消耗较大，也是一种相对的说法。重量级框架复杂度较高，运行速度较慢，但是其提供的功能一般来说相比轻量级提供的功能要强大得多。EJB 框架就是一个重量级的框架，其强调高度伸缩性，适合于开发大型企业应用。在 EJB 体系结构中，一切与基础结构服务相关的问题和底层分配问题都由应用程序容器或服务器来处理，且 EJB 容器通过减少数据库访问次数以及分布式处理等方式提供了专门的系统性能解决方案，能够充分解决系统性能问题。

通常说的经典 Java Web 开发，是指使用 JSF+JPA+EJB 这 3 个框架进行的开发。经典 Java Web 模式在一般项目中使用较少，只有在大型的企业级应用项目中才会使用，而且由于其复杂性，入门较为困难，但是其中的一些设计理念和架构思想还是非常值得学习和借鉴的。

1.3 常用的 Java Web 服务器

Java Web 项目必须在容器里面运行，这个容器一般称为 Java Web 服务器。有了 Java Web 服务器，Java Web 项目才能通过网络被不同的用户所访问。以下对常用的 Java Web 服务器进行简单介绍。

1. Tomcat 服务器

官方网站：http://tomcat.apache.org；官方 Logo： 。

Tomcat 是 Apache 软件基金会(Apache Software Foundation)的 Jakarta 项目中的一个核心项目，由 Apache、Sun 和其他一些公司及个人共同开发而成。由于有了 Sun 的参与和支持，最新的 Servlet 和 JSP 规范总是能在 Tomcat 中得到体现。因为 Tomcat 技术先进、性能稳定，而且免费，因而深受 Java 爱好者的喜爱并得到了部分软件开发商的认可，成为目前比较流行的 Web 应用服务器。

2. GlassFish 服务器

官方网站：http://glassfish.java.net；官方 Logo： 。

GlassFish 是一款强健的商业兼容应用服务器，达到产品级质量，可免费用于开发、部署和重新分发。它基于 Sun Microsystems 提供的 Sun Java System Application Server PE 9 的源代码以及 Oracle 贡献的 TopLink 持久性代码。因为 GlassFish 由 Sun 公司(已被 Oracle 公司收购)直接负责开发维护，所以其对 Java 企业级开发的最新规范总是最先支持的。但是 GlassFish 对 Java Web 项目的配置有限，所以使用较少。

3. WebLogic

官方网站：http://www.bea.com。

WebLogic 是美国 BEA 公司出品的一个 application server，确切地说，是一个基于 Java EE 架构的中间件，BEA WebLogic 是用于开发、集成、部署和管理大型分布式 Web 应用、网络应用和数据库应用的 Java 应用服务器，将 Java 的动态功能和 Java Enterprise 标准的安全性引入大型网络应用的开发、集成、部署和管理之中。2008 年 1 月 16 日，BEA 公司被 Oracle 公司收购。

4. JBoss

官方网站：http://www.jboss.org。

JBoss 是全世界开发者共同努力的成果，一个基于 J2EE 的开放源代码的应用服务器。因为 JBoss 代码遵循 LGPL 许可，可以在任何商业应用中免费使用，而不需支付费用。2006 年，JBoss 公司被 Red Hat 公司收购。JBoss 是一个管理 EJB 的容器和服务器，支持 EJB 1.1、EJB 2.0 和 EJB 3.0 的规范。但 JBoss 核心服务不包括支持 Servlet/JSP 的 Web 容器，一般与 Tomcat 或 Jetty 绑定使用。

5. WebSphere

官方网站：www.ibm.com/software/websphere。

WebSphere 是 IBM 的服务器平台，它包含编写、运行和监视全天候的工业强度的 Web 应用程序和跨平台、跨产品解决方案所需要的整个中间件基础设施，如服务器、服务和工具。WebSphere 提供了可靠、灵活和健壮的软件。

6. Jetty

官方网站：http://www.eclipse.org/jetty；官方 Logo： 。

Jetty 是一个开源的 Servlet 容器，它为基于 Java 的 Web 内容(例如 JSP 和 Servlet)提供运行环境。Jetty 是使用 Java 语言编写的，它的 API 以一组 JAR 包的形式发布。开发人员可以将 Jetty 容器实例化成一个对象，可以迅速为一些独立运行(stand-alone)的 Java 应用提供网络和 Web 连接。

1.4 轻量级 Java Web 开发环境

1.4.1 环境变量的配置

环境变量一般是指在操作系统中用来指定系统运行环境的一些参数,比如临时文件夹位置和系统文件夹位置等。使用 Java 语言进行程序开发时,需要进行一些环境变量的配置,具体操作步骤如下:

(1) 新建 JAVA_HOME 环境变量,其值设置为 JDK 的安装路径,如图 1-5 所示。

图 1-5　JAVA_HOME 环境变量配置

(2) 新建 classpath 环境变量,其值设置为".;%JAVA_HOME%\lib\dt.jar;%JAVA_HOME%\lib\tools.jar",如图 1-6 所示。

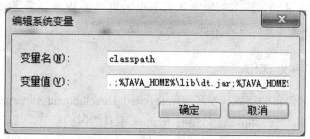

图 1-6　classpath 环境变量配置

(3) 编辑 Path 环境变量,在现有值的基础上添加"%JAVA_HOME%\bin;%JAVA_HOME%\jre\bin",如图 1-7 所示。

图 1-7　Path 环境变量配置

至此,Java 开发基本的环境变量配置完毕,可以通过在 cmd 中使用 javac 或 java 命令来测试环境变量是否配置生效，如图 1-8 所示是配置成功后的测试界面。

图1-8　环境变量配置测试

【说明】如果使用 IDE 开发，上述环境变量均不必进行配置，只需使用 IDE 内置的 JDK 或在 IDE 内引入用户安装的 JDK 即可；如果在 IDE 外部启动 Web 服务器(如 Tomcat)，则必须配置 JAVA_HOME 环境变量，否则 Web 服务器可能无法启动。

1.4.2　常用的集成开发环境

目前，支持 Java 语言的集成开发环境(Integrated Development Environment，IDE)主要有 Eclipse 和 NetBeans 等。MyEclipse 工具是对 Eclipse 工具所做的包装，集成了很多开发常用的插件。本书代码所使用的 IDE 环境为 MyEclipse 10。MyEclipse 10 的启动界面和主界面分别如图 1-9 和图 1-10 所示。

图1-9　MyEclipse 启动界面

轻量级 Java Web 开发概述

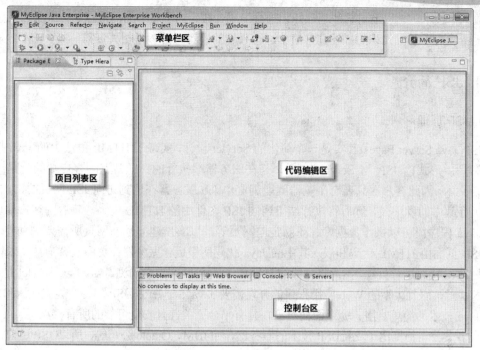

图 1-10 MyEclipse 主界面

NetBeans 的主界面如图 1-11 所示。

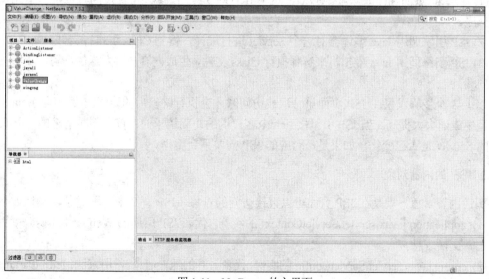

图 1-11 NetBeans 的主界面

1.5 轻量级 Java Web 开发相关技术

学习轻量级 Java Web 开发，需要具备一些 Java 基础开发知识，如 Java 语言基础、JSP 技术、数据库技术等。以下对这些基础知识进行简单介绍，由于本书的侧重点是框架学习及整合应用，所以对于基础知识的描述非常简单，感兴趣的读者，可参考相关资料。

1.5.1 JSP 简介

1. JSP 原理

JSP(Java Server Pages)其实是一个简化的 Servlet 设计，实现了 HTML 语法中的 Java 扩张(以<%, %>形式)。JSP 与 Servlet 一样，是在服务器端执行的，通常返回客户端的就是一个 HTML 文本，因此客户端只要有浏览器就能浏览。Web 服务器在遇到访问 JSP 网页的请求时，首先执行其中的程序段，然后将执行结果连同 JSP 文件中的 HTML 代码一起返回客户端。插入的 Java 程序段可以操作数据库、重新定向网页等，以实现建立动态网页所需要的功能。

JSP 页面由 HTML 代码和嵌入其中的 Java 代码所组成。服务器在页面被客户端请求以后对这些 Java 代码进行处理，然后将生成的 HTML 页面返回客户端的浏览器。Java Servlet 是 JSP 的技术基础，而且大型的 Web 应用程序的开发需要 Java Servlet 和 JSP 配合才能完成。JSP 具备了 Java 技术的简单易用、完全面向对象、具有平台无关性且安全可靠的所有特点。

众多大公司都推出了支持 JSP 技术的服务器，如 IBM、Oracle 公司等，所以 JSP 迅速成为商业应用的服务器端语言。

JSP 引擎的工作原理是，当一个 JSP 页面第一次被访问时，JSP 引擎将执行以下步骤：

(1) 将 JSP 页面翻译成一个 Servlet，这个 Servlet 是一个 Java 文件，同时也是一个完整的 Java 程序。

(2) JSP 引擎调用 Java 编译器对这个 Servlet 进行编译，得到 Class 可执行文件。

(3) JSP 引擎调用 Java 虚拟机来解释执行 Class 文件，生成向客户端发送的应答，然后发送给客户端。

以上 3 个步骤仅仅在 JSP 页面第一次被访问时才会执行，以后的访问速度会因为 class 文件已经生成而大大提高。当 JSP 引擎接到一个客户端的访问请求时，首先判断请求的 JSP 页面对应的 Servlet 是否已变化，如果是，对应的 JSP 需要重新编译。

2. JSP 的内置对象

所谓内置对象，就是在 JSP 页面可以直接访问的对象。JSP 有 9 个内置对象，具体如下：

(1) application javax.servlet.ServletContext 的实例，代表 JSP 所属的 Web 应用本身，可用于页面之间交换信息。

(2) config javax.servlet.ServletConfig 的实例，代表 JSP 的配置信息，常用方法：getInitParameter (String paramName), getInitParameternames()。

(3) exception java.lang.Throwable 的实例，代表其他页面中的异常和错误，只有当页面是错误处理页面，即 page 的 isErrorPage=true 时，该对象才可以使用，方法：getMessage(), printStackTrace()。

(4) out javax.servlet.jsp.JspWriter 的实例，该实例代表 JSP 页面输出流，用于输出内容。

(5) page：代表页面本身，也就是 Servlet 中的 this，一般不用。

(6) pageContext javax.servlet.jsp.PageContext 的实例，该对象代表 JSP 的上下文，使用该对象可以访问页面中的共享数据。常用方法：getServletContext(), getServletConfig()。

(7) request javax.servlet.http.HttpServletRequest 的实例，封装了一次请求。
(8) response javax.servlet.http.HttpServletResponse 的实例，封装了一次响应，经常使用。
(9) session javax.servlet.http.HttpSession 的实例，代表一次会话，经常使用。

3. JSP 的编译指令

JSP 的编译指令是通知运行 JSP 的 Web 服务器(如 Tomcat、WebLogic)的消息，它不直接生成输出。常见的编译指令有 3 个：

(1) page：是针对当前页面的指令。
(2) include：用于指定包含另一个页面。
(3) taglib：用于定义和访问自定义标签。

使用编译指定的语法格式：<%@ 编译指令名 属性 1="属性值" 属性 2="属性值" …%>。

4. JSP 的动作指令

JSP 动作指令的功能类似于在 JSP 脚本中的功能，不过其形式更为简化，主要有以下的 7 个动作指令：

(1) jsp:forward：执行页面转向，将请求的处理转发到下一个页面。
(2) jsp:param：用于传递参数，必须与其他支持参数的标签一起使用。
(3) jsp:include：用于动态引入一个 JSP 页面。
(4) jsp:plugin：用于下载 JavaBean 或 Applet 到客户端执行。
(5) jsp:useBean：创建一个 JavaBean 的实例。
(6) jsp:setProperty：设置 JavaBean 实例的属性值。
(7) jsp:getProperty：输出 JavaBean 实例的属性值。

1.5.2 数据库技术简介

Java Web 项目的数据一般都是存放在数据库中的，所以开发 Java Web 项目必须要掌握一定的数据库技术。目前主流的数据库都是关系型数据库，即以实体为基础，以实体间的关系为核心的数据库设计模式。常用的关系型数据库有以下几种：

(1) MySQL：一种开放源代码的关系型数据库，凭借其短小精悍、支持多用户、可以跨平台等优点，而被中小型项目普遍使用。
(2) SQL Server：微软公司发布的一款关系型数据库系统，支持小型、中型及大型的项目。
(3) Oracle：由 Oracle 公司开发的一款关系型数据库，是数据库产品中的领导者。由于其性能稳定和可扩展性良好，在中型及大型项目中被广泛使用。
(4) DB2：由 IBM 公司开发的一款关系型数据库，主要应用于大型应用系统。DB2 具有较好的可伸缩性，可支持从大型机到单用户环境，应用于 OS/2、Windows 等平台下。

1.5.3 配置文件的格式

一般来讲，Java Web 项目离不开各种各样的配置文件。配置文件可以说是联系项目中各个模块的纽带，把整个项目形成一个整体呈现给用户。编写配置的方式主要有两种：XML 形式和 Annotation 形式。

XML 文件作为配置文件的载体由来已久，也是目前最为成熟的配置文件形式。从 JDK 1.5 开始，Java 开始支持 Annotation 形式的配置文件，把代码和配置文件合二为一。

以下对 XML 和 Annotation 的优缺点进行简单分析。

1. XML 的优缺点

目前 Web 应用中几乎都使用 XML 作为配置项，例如常用的框架 Struts、Spring、Hibernate、IBatis 等都采用 XML 作为配置。XML 之所以这么流行，是因为它的很多优点是其他技术的配置所无法替代的。

(1) XML 作为可扩展标记语言，最大的优势在于开发者能够为软件量身定制适用的标记，使代码更加通俗易懂。

(2) 利用 XML 配置能使软件更具扩展性。例如 Spring 将 class 间的依赖配置在 XML 中，最大限度地提升应用的可扩展性。

(3) 具有成熟的验证机制确保程序正确性。利用 Schema 或 DTD 可以对 XML 的正确性进行验证，避免非法的配置导致应用程序出错。

(4) 修改配置而无须变动现有程序。

虽然有如此多的好处，但 XML 也有自身的缺点：

(1) 需要解析工具或类库的支持。

(2) 解析 XML 势必会影响应用程序性能，占用系统资源。

(3) 配置文件过多导致管理变得困难。

(4) 编译期间无法对其配置项的正确性进行验证，且只能在运行期查错。

(5) IDE 无法验证配置项的正确性。

(6) 查错变得困难，往往配置的一个手误导致莫名其妙的错误。

(7) 开发人员不得不同时维护代码和配置文件，开发效率变得低下。

(8) 配置项与代码间存在潜规则，改变任何一方都有可能影响另外一方。

2. Annotation 的优缺点

Annotation 的优点如下：

(1) 保存在 Class 文件中，降低维护成本。

(2) 无须工具支持，无须解析。

(3) 编译期即可验证正确性，查错变得容易。

(4) 提升开发效率。

同样，Annotation 也不是万能的，它也有很多缺点：

(1) 若要对配置项进行修改，不得不修改 Java 文件，重新编译打包应用。

(2) 配置项编码在 Java 文件中，可扩展性差。

所以，Annotation 不是万能钥匙，不能解开所有的锁，也不要对它过度崇拜。一个优秀的软件工程师不只是不断的学习，更需要正确判断在何种场景下需要选择何种技术，一般来说，一种技术越强大，它的局限性就越高，所以通常会选择其他的技术与它互补。在配置文件界，可以说 Annotation 与 XML 都很好、很强大，而且它们是互补的。

1.5.4 其他相关软件

1. Ant 简介

Apache Ant 是一个基于 Java 的生成工具。

生成工具在软件开发中用来将源代码和其他输入文件转换为可执行文件的形式(也有可能转换为可安装的产品映像形式)。随着应用程序的生成过程变得更加复杂，确保在每次生成期间都使用相同的生成步骤，同时实现尽可能多的自动化，以便及时产生一致的生成版本。

2. Maven 简介

Ant 是软件构建工具，Maven 的定位是软件项目管理和理解工具。Maven 除了具备 Ant 的功能外，还增加了以下主要的功能：

(1) 使用 Project Object Model 对软件项目进行管理。
(2) 内置更多的隐式规则，使得构建文件更加简单。
(3) 内置依赖管理和 Repository 来实现依赖的管理和统一存储。
(4) 内置软件构建的生命周期。

1.6 Java Web 项目的部署

所有的 Web 项目必须部署到 Web 服务器中才能被用户访问到。对于初学者来说，掌握 Java Web 项目的部署方法是必备的前提条件。Java Web 项目部署的方法较多，下面以 Tomcat 7.0 为例介绍 3 种最常用的部署方法。

1.6.1 拷贝部署法

直接把 Web 项目拷贝到 Tomcat 根目录下面的 webapps 目录下，如图 1-12 所示。

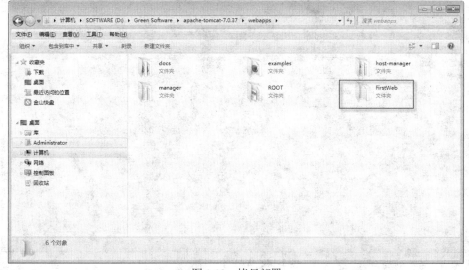

图 1-12　拷贝部署

1.6.2 WAR 包部署法

WAR 包部署法是使用 IDE 工具把项目导出为 WAR 包，再拷贝到 Tomcat 的 webapps 目录下，如图 1-13 和图 1-14 所示。

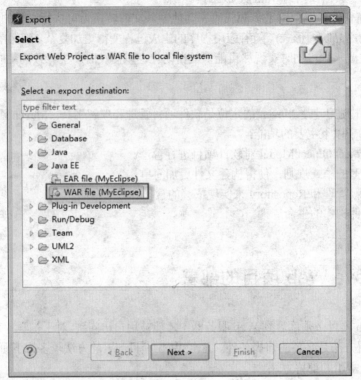

图 1-13　WAR 包导出

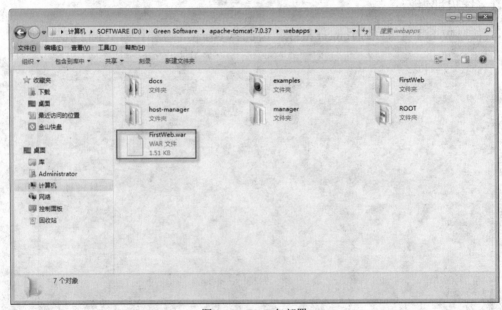

图 1-14　WAR 包部署

1.6.3 IDE 部署法

IDE 部署法是直接在 IDE 环境中部署，如图 1-15 和图 1-16 所示。在开发过程中，该种部署方法用的较多。

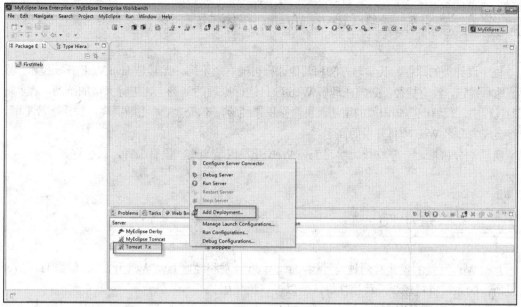

图 1-15 IDE 部署 1

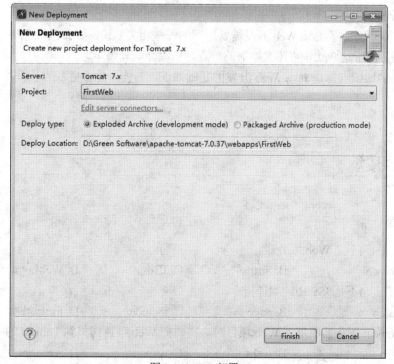

图 1-16 IDE 部署 2

【说明】不管哪种部署方式，其最终都必须把完成的 Web 项目拷贝到 Web 服务器指定目录。Web 服务器运行时，会加载该目录下的 Web 项目，进而可以让客户通过浏览器访问。

1.7 学习轻量级 Java Web 开发的方法

程序设计类的课程，其学习方法和其他课程可能有所不同。尤其是 Java Web 开发技术，要熟练地掌握它，没有捷径，必须在理解 Web 项目运行原理的基础上，进行大量的练习。在实际练习过程中，理解一些知识点的用法，再慢慢积累经验，不断总结，不断提高。如果坚持不懈，最终会成为一名 Web 项目开发的高手。

所谓一分耕耘，一分收获。学习 Java Web 开发也是如此，没有最好，只有更好。

1.8 本章小结

Java Web 开发的模式有两种，轻量级 Java Web 开发和经典 Java Web 开发。轻量级 Java Web 开发所占的系统资料较少，移植性好，所以被广泛使用。

常用的 Web 服务器有 Tomcat、GlassFish、WebLogic、JBoss 等，本书采用的 Web 服务器主要是 Tomcat。Web 项目必须部署在 Web 服务器中才能运行，所以本章也简单讲了如何快速部署 Java Web 项目。

另外，本章还介绍了 Java Web 开发需要用到的一些相关知识，如 JSP、数据库技术、配置文件的类型等。由于这些知识点不是本书的重点，所以介绍较为粗略。

本章所讲的知识点都是 Java Web 开发的基础知识，若读者想做更多的了解，可参考相关资料。

1.9 习题

1. 单选题

(1) 以下( )不是 Web 服务器。
　　A. Tomcat　　　　B. Struts　　　　C. JBoss　　　　D. WebLogic

(2) 以下( )不是 JSP 中的编译指令。
　　A. taglib　　　　B. page　　　　C. include　　　　D. forward

(3) 在 Tomcat 服务器中部署 Web 项目时，需要把 Web 项目拷贝到 Tomcat 的( )目录。
　　A. web　　　　B. webs　　　　C. webapp　　　　D. webapps

(4) 下列关于 EL 表达式的用法，错误的是(　　)。
    A. ${sessionScope.user[sex]}　　　　　　B. ${sessionScope.user["sex"]}
    C. ${sessionScope.user.sex}　　　　　　D. ${sessionScope.user{sex}}

2. 填空题

(1) 开发 Java Web 项目一般有两种模式，分别是_____和_____。
(2) Java Web 项目的配置文件一般有两种形式，分别是_____和_____。
(3) 一个基本的 Sevlet 类中需要包含 3 个方法：init()、_____()、destroy()。

1.10　实验

1. 手动构建一个 Web 项目并部署运行

【实验题目】
不使用 IDE 工具，手动构建一个 Web 项目，并在 Tomcat 中部署运行。
【实验目的】
(1) 掌握 Java Web 项目的基本结构。
(2) 掌握 Java Web 项目的运行原理。
(3) 熟悉 Tomcat 的基本操作和运行原理。

2. 熟悉轻量级 Java Web 开发环境

【实验题目】
分别在 MyEclipse 和 NetBeans 中创建一个 Web 项目，并在 Tomcat 中部署运行。
【实验目的】
(1) 掌握两大 IDE 的基本使用方法。
(2) 掌握 Java Web 项目的部署方式。

第 2 章 设计模式概述

设计模式是一套理论，由软件界的先辈们(The Gang of Four：包括 Erich Gamma、Richard Helm、Ralph Johnson、John Vlissides，GoF)总结出的一套可以反复使用的经验架构，它可以提高代码的可重用性，增强系统的可维护性，以及解决一系列的重复问题。

GoF 的设计模式并不是一种具体的"技术"，它讲述的是思想，不仅展示了接口或者抽象类在实际案例中的灵活应用和智慧，让用户能够真正掌握接口或抽象类的应用，更重要的是它反复强调一个宗旨：让程序尽可能地可重用。

由此可见，设计模式和 Java EE 在思想和动机上是一脉相承的，不过它们之间也存在区别。

(1) 设计模式更抽象，Java EE 是具体的产品代码，可以接触到，而设计模式在面对每个应用时才会产生具体代码。

(2) 设计模式是比 Java EE 等框架软件更小的体系结构，Java EE 中许多具体程序都是应用设计模式来完成的。

(3) Java EE 只适合企业计算应用的框架软件，但设计模式几乎可以用于任何应用，所以，GoF 的设计模式应该是 Java EE 的重要理论基础之一。

本章的重点不是全面地介绍各种设计模式，而是挑选一些与项目息息相关的、比较常用的设计模式来做重点介绍。通常情况下设计模式分为以下 3 类：

(1) 创建型：创建对象时，不再直接实例化对象，而是根据特定场景，由程序来确定创建对象的方式，从而保证更大的性能、更好的架构优势。创建型模式主要有简单工厂模式(不是 23 种设计模式之一)、工厂方法模式、抽象工厂模式、单例模式、生成器模式和原型模式。

(2) 结构型：用于帮助将多个对象组织成更大的结构。结构型模式主要有适配器模式、桥接模式、组合器模式、装饰器模式、门面模式、享元模式和代理模式。

(3) 行为型：用于帮助系统间各对象的通信，以及如何控制复杂系统中流程。行为型模式主要有命令模式、解释器模式、迭代器模式、中介者模式、备忘录模式、观察者模式、状态模式、策略模式、模板模式和访问者模式。

2.1 单例模式

单例模式又称单态模式或者单件模式,是设计模式中使用很频繁的一种模式,在各种开源框架、应用系统中多有应用。单例模式中的"单例"通常用来代表那些本质上具有唯一性的系统组件(或者称为资源),如文件系统、资源管理器等。

单例模式的目的就是要控制特定的类只产生一个对象,当然也允许在一定情况下灵活改变对象的个数。那么如何来实现单例模式呢?一个类的对象的产生是由类构造函数完成的,如果想限制对象的产生,可将构造函数变为私有的(至少是受保护的),使得外面的类不能通过引用产生对象;同时为了保证类的可用性,就必须提供一个自己的对象以及访问这个对象的静态方法。单例模式的通用类图如图 2-1 所示。

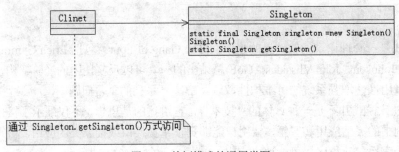

图 2-1 单例模式的通用类图

Singleton 类称为单例类,通过使用 private 的构造函数确保在一个应用中只产生一个实例,并且是自行实例化的(在 Singleton 中自己使用 new Singleton())。单例模式的代码清单如下所示:

```
Class Singleton{
    Private static final Singleton singleton = new Singleton();
    //限制产生多个对象
    Private Singleton() {
    }
    //通过该方法获得实例对象
    Public static Singleton getSingleton() {
        Return singleton;
    }
    //类中其他方法,尽量是 static
    Public static void doSomething() {
    }
}
```

使用单例模式主要有两个优势:一是减少创建 Java 实例所带来的系统开销,另一个是便于系统跟踪单个 Java 实例的生命周期和实例状态等。

单例模式一般适用于在一个系统中,要求一个类有且仅有一个对象。具体场景如下:

(1) 要求生成唯一序列号的环境。
(2) 在整个项目中需要一个共享访问点或共享数据。

（3）需要定义大量的静态常量和静态方法(如工具类)的环境，可以采用单例模式。

（4）创建一个对象需要消耗的资源过多，如要访问 IO 和数据库等资源。

2.2 工厂模式

工厂模式主要是为创建对象提供过渡接口，以便将创建对象的具体过程屏蔽隔离起来，达到提高灵活性的目的。

工厂模式在《Java 与模式》一书中分为 3 类：简单工厂模式，工厂方法模式，抽象工厂模式。

GoF 在《设计模式》一书中将工厂模式分为两类：工厂方法模式和抽象工厂模式。将简单工厂模式视为工厂方法模式的一种特例，两者归为一类。

在本书中，采用《Java 与模式》书中的分类方法。

2.2.1 简单工厂模式

简单工厂模式又称静态工厂方法模式，它属于创建型模式。在简单工厂模式中，可以根据自变量的不同返回不同类的实例。简单工厂模式专门定义一个类负责创建其他类的实例，被创建的实例通常都具有共同的父类。简单工厂模式组成如下：

（1）工厂类(Creator)角色：担任这个角色的是工厂方法模式的核心，含有与应用紧密相关的商业逻辑。工厂类在客户端的直接调用下创建产品对象，它往往由一个具体 Java 类实现。

（2）抽象产品(Product)角色：担任这个角色的类是工厂方法模式所创建的对象的父类，或它们共同拥有的接口。抽象产品角色可以用一个 Java 接口或者 Java 抽象类实现。

（3）具体产品(Concrete Product)角色：工厂方法模式所创建的任何对象都是这个角色的实例，具体产品角色由一个具体 Java 类实现。

其类图如图 2-2 所示。

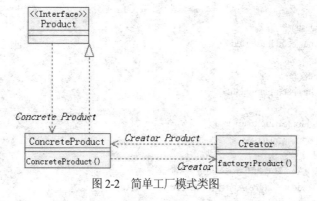

图 2-2 简单工厂模式类图

现在举个例子，看一下什么才是简单工厂模式。假设有一个描述你的后花园的系统，在你的后花园里有各种花，但是还没有水果，现在要往系统里引进一些新的类，用来描述下列水果：葡萄(Grapes)、草莓(Strawberry)、苹果(Apple)。其类图如图 2-3 所示。

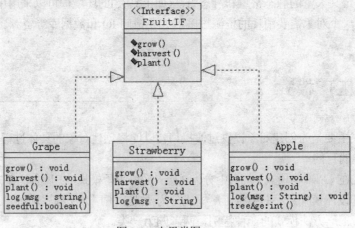

图 2-3　水果类图

FruitIF 这个接口确定了水果类必备的方法：种植 plant()、生长 grow()以及收获 harvest()。程序清单如下：

```java
public interface FruitIF {
    void grow();
    void harvest();
    void plant();
    String color = null;
    String name = null;
}
```

在 Apple 类中，苹果是多年生木本植物，因此具备树龄 treeAge 性质。程序清单如下：

```java
public class Apple implements FruitIF {
    public void grow() {
        log("Apple is growing…");
    }
    public void harvest() {
        log("Apple has been harvested.");
    }
    public void plant() {
        log("Apple has been planted.");
    }
    public static void log(String msg) {
        System.out.println(msg);
    }
    public int getTreeAge(){ return treeAge; }
    public void setTreeAge(int treeAge){ this.treeAge = treeAge; }
    private int treeAge;
}
```

Grape 类中由于葡萄分为有籽与无籽两种，因此具有 seedful 性质。程序清单如下：

```java
public class Grape implements FruitIF {
    public void grow() {
```

```java
        log("Grape is growing…");
    }
    public void harvest() {
        log("Grape has been harvested.");
    }
    public void plant() {
        log("Grape has been planted.");
    }
    public static void log(String msg) {
        System.out.println(msg);
    }
    public boolean getSeedful() {
        return seedful;
    }
    public void setSeedful(boolean seedful) {
        this.seedful = seedful;
    }
    private boolean seedful;
}
```

Strawberry 类程序清单如下：

```java
public class Strawberry implements FruitIF {
    public void grow() {
        log("Strawberry is growing…");
    }
    public void harvest() {
        log("Strawberry has been harvested.");
    }
    public void plant() {
        log("Strawberry has been planted.");
    }
    public static void log(String msg) {
        System.out.println(msg);
    }
}
```

作为小花园的主人兼园丁，也是系统的一部分，自然要由一个合适的类来代表，这个类就是 FruitGardener 类。其类图如图 2-4 所示。

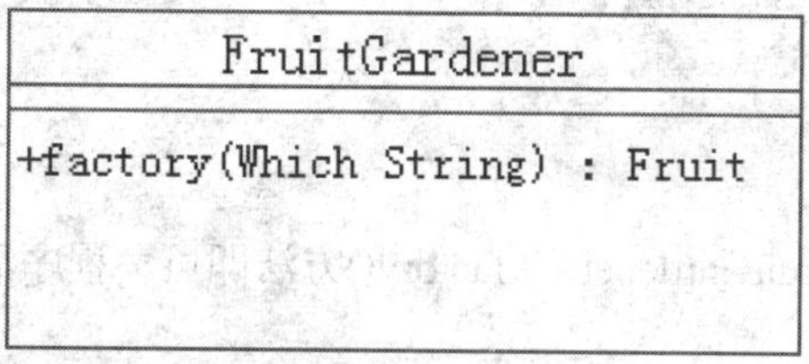

```
┌─────────────────────────────────┐
│         FruitGardener           │
├─────────────────────────────────┤
│ +factory(Which String) : Fruit  │
│                                 │
└─────────────────────────────────┘
```

图 2-4 FruitGardener 类图

对应的程序清单如下：

```java
public class FruitGardener {
    public FruitIF factory(String which) throws BadFruitException {
        if (which.equalsIgnoreCase("apple")) {
            return new Apple();
        }
        else if (which.equalsIgnoreCase("strawberry")) {
            return new Strawberry();
        }
        else if (which.equalsIgnoreCase("grape")) {
            return new Grape();
        }
        else {
            throw new BadFruitException("Bad fruit request");
        }
    }
}
```

FruitGardener 类会根据要求，创建出不同的水果类，如苹果(Apple)、葡萄(Grape)或者草莓(Strawberry)的实例。

这里的 FruitGardener 类就如同一个可以创建水果产品的工厂一样，如果接到不合法的要求，FruitGardener 类会给出例外类 BadFruitException。其类图如图 2-5 所示。

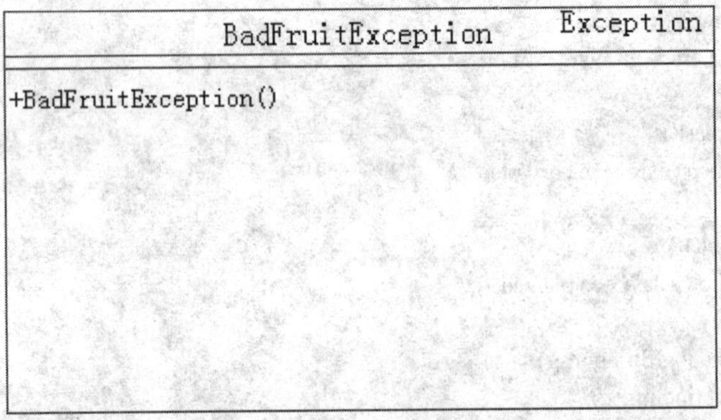

BadFruitException	Exception
+BadFruitException()	

图 2-5 BadFruitException 类图

对应的程序清单如下：

```java
public class BadFruitException extends Exception {
    public BadFruitException(String msg {
        super(msg);
    }
}
```

在使用时，只需调用 FruitGardener 的 factory() 方法即可。程序清单如下：

```java
try {
    FruitGardener gardener = new FruitGardener();
    FruitIF grape = gardener.factory("grape");
```

```
    FruitIF apple = gardener.factory("apple");
    FruitIF strawberry = gardener.factory("strawberry");
    …
}
catch(BadFruitException e) {
…
}
```

这便是简单工厂模式，它适用于如下环境：

(1) 工厂类负责创建的对象比较少。
(2) 客户端只知道传入工厂类的参数，对于如何创建对象则不关心。

2.2.2 工厂方法模式

工厂方法模式去掉了简单工厂模式中工厂方法的静态属性，使得它可以被子类继承。这样在简单工厂模式中集中在工厂方法上的压力可以由工厂方法模式中不同的工厂子类来分类。它的组成如下：

(1) 抽象工厂角色：这是工厂方法模式的核心，它与应用程序无关，是具体工厂角色必须实现的接口或者必须继承的父类。在 Java 中它由抽象或者接口实现。

(2) 具体工厂角色：含有和具体业务逻辑有关的代码。由应用程序调用以创建对应的具体产品的对象。

(3) 抽象产品角色：是具体产品继承的父类或者是实现的接口。在 Java 中一般由抽象类或者接口实现。

(4) 具体产品角色：具体工厂角色所创建的对象就是此角色的实例。在 Java 中由具体的类实现。

通用类图如图 2-6 所示。在工厂方法模式中，抽象产品类 Product 负责定义产品的共性，实现对事物最抽象的定义；Creator 为抽象创建类，也就是抽象工厂，具体如何创建产品类是由具体的实现工厂 ConcreteCreator 完成的。

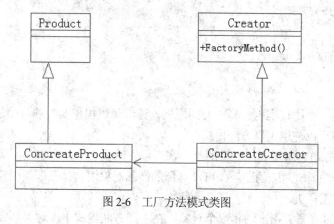

图 2-6　工厂方法模式类图

抽象产品类代码清单如下：

```
Public abstract class Product    {
    //产品类的公共方法
```

```
    Public void method () {
    // 业务逻辑处理
    }
    //抽象方法
    Public abstract void method2 ();
}
```

具体的产品类可以有多个，都继承于抽象产品类。源代码清单如下：

```
Public class ConcreteProduct1 extends Product {
    Public void method2 () {
        //业务逻辑处理
    }
}
Public class ConcreteProduct2 extends Product {
    Public void method2 () {
        //业务逻辑处理
    }
}
```

抽象工厂类负责定义产品对象的产生。源代码清单如下：

```
Public abstract class Creator {
    //创建一个产品对象，其输入参数类型可以自行设置，通常为 String、Enum、Class 等，也可以为空
    Public abstract <T extends Product> T CreateProduct(Class<T> C);
}
```

具体如何产生一个产品的对象，是由具体的工厂类实现。源代码清单如下：

```
Public class ConcreteCreator extends Creator {
    Public <T extends Product> T createProduct (Class<T> c) {
        Product product =null;
        Try {
            Product =(Product)Class.forName(c.getName()).newInstance();
        } catch (Exception e) {
            //异常处理
        }
        Return (T)product;
    }
}
```

该通用代码是一个比较实用、易扩展的框架，读者可以根据实际项目需要进行扩展。

在以下情况下可以使用工厂方法模式：

（1）一个类不知道它所需要的对象的类：在工厂方法模式中，客户端不需要知道具体产品类的类名，只需要知道所对应的工厂即可，具体的产品对象由具体工厂类创建；客户端需要知道创建具体产品的工厂类。

（2）一个类通过其子类指定创建哪个对象：在工厂方法模式中，对于抽象工厂类只需要提供一个创建产品的接口，而由其子类确定具体要创建的对象。在程序运行时，子类对象将覆盖父类对象，从而使得系统更容易扩展。

将创建对象的任务委托给多个工厂子类中的某一个，客户端在使用时可以无须关心是哪一个工厂子类创建产品子类，需要时再动态指定，可将具体工厂类的类名储存在配置文件或数据库中。

2.2.3 抽象工厂模式

抽象工厂模式和工厂方法模式的区别在于需要创建对象的复杂程度。而且抽象工厂模式是 3 个模式中最为抽象、最具一般性的模式。

抽象工厂模式的用意是为客户端提供一个接口，可以创建多个产品族(指位于不同产品等级结构中功能相关联的产品组成的家族)中的产品对象。

抽象工厂模式的各个角色和工厂方法模式如出一辙。

在有多个业务品种、业务分类时，通过抽象工厂模式产生需要的对象是一种非常好的解决方式。其通用类图如图 2-7 所示。

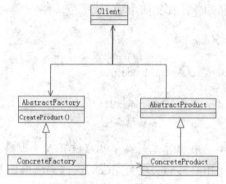

图 2-7 抽象工厂模式类图

例如制造汽车的左侧门和右侧门，这两个应该是数量相等的——两个对象之间的约束，而每个型号的车门都是不一样的，这是产品等级结构约束的。先看看两个产品族的类图，如图 2-8 所示。

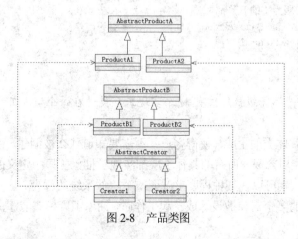

图 2-8 产品类图

注意类图上的圈圈、框框相对应，两个抽象的产品类可以有关系，例如共同继承或实现一个抽象类或接口。源代码清单如下：

```
Public abstract class AbstractProductA {
    //每个产品共有的方法
    Public void shareMethod () {
    }
    //每个产品相同方法，不同实现
    Public abstract void doSomething ();
}
```

具体产品实现类代码清单如下：

```
Public class ProductA1 extends AbstractProductA {
    Public void doSomething () {
        System.out.println ("产品 A1 的实现方法");
    }
}
```

抽象工厂类 AbstractCreator 的职责是定义每个工厂要实现的功能，在通用代码中，抽象工厂类定义了两个产品族的产品创建，代码清单如下：

```
Public abstract class AbstractCreator {
    //创建 A 产品家族
    Public abstract AbstractProduct A createProductA ();
    //创建 B 产品家族
    Public abstract AbstractProductB createProductB ();
}
```

【注意】若有 N 个产品族，在抽象工厂类中就应该有 N 个创建方法。

如何创建一个产品，则是由具体的实现类完成的，代码清单如下：

```
Public class Creator1 extends AbstractCreator {
    //只生产产品等级为 1 的 A 产品
    Public AbstractProductA createProductA () {
        Return new ProductA1 ();
    }
    //只生产产品等级为 1 的 B 产品
    Public AbstractProductB createProductB () {
        Return new ProductB1 ();
    }
}
```

【注意】有 M 个产品等级就应该有 M 个实现工厂类，在每个实现工厂中实现不同产品族的生产任务。

抽象工厂隔离了具体类的生成，使得客户并不需要知道什么被创建。由于这种隔离，更换一个具体工厂就变得相对容易。所有的具体工厂都实现了抽象工厂中定义的那些公共接口，因此只需改变具体实例，就可以在某种程度上改变整个软件系统的行为。

当一个产品族中的多个对象被设计成一起工作时，抽象工厂模式能够保证客户端始终只使用同一个产品族中的对象。

抽象工厂模式适用于以下环境：

(1) 一个系统不应当依赖于产品类实例如何被创建、组合和表达的细节，这对于所有类型的工厂模式都是重要的。

(2) 系统中有多于一个的产品族，而每次只使用其中某一产品族。

(3) 属于同一个产品族的产品将在一起使用，这一约束必须在系统的设计中体现出来。

(4) 系统提供一个产品类的库，所有的产品以同样的接口出现，从而使客户端不依赖于具体实现。

2.3 代理模式

代理模式的定义为：为其他对象提供一种代理以控制这个对象的访问。简单来说就是在一些情况下客户不想或者不能直接引用一个对象，而代理对象可以在客户和目标对象之间起到中介作用，去掉客户不能看到的内容和服务或者增添客户需要的额外服务。

代理模式中的"代理商"要实现代理任务，就必须和被代理的"厂商"使用共同的接口。于是代理模式就由 3 个角色组成：

(1) 抽象主题角色：声明了真实主题和代理主题的共同接口。

(2) 代理主题角色：内部包含对真实主题的引用，并且提供和真实主题角色相同的接口。

(3) 真实主题角色：定义真实的对象。

用类图表示三者之间的关系，如图 2-9 所示。

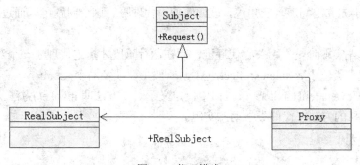

图 2-9 代理模式

以论坛中心已注册用户和游客的权限不同来举个例子：已注册的用户拥有发帖、修改自己的注册信息、修改自己的帖子等功能；而游客只能看到别人发的帖子，没有其他权限。为简化代码，更好地显示出代理模式的框架，这里只实现发帖权限的控制。

首先，实现一个抽象主题角色 MyForum，里面定义了真实主题和代理主题的共同接口：发帖功能。代码如下：

```
Public interface MyForum
{
    Public void AddFile();
}
```

这样，真实主题角色和代理主题角色都要实现这个接口。其中真实主题角色基本就是将这个接口的方法内容填充进来，因此，这里不再赘述它的实现。关键的代理主题角色的代码清单如下：

```
public class MyForumProxy implements MyForum
{
    private RealMyForum forum = new RealMyForum() ;
    private int permission ;        //权限值
    public MyForumProxy(int permission)
    {
        this.permission = permission ;
    }
    //实现的接口
    public void AddFile() {
    //满足权限设置时才能够执行操作
    If (Constants.ASSOCIATOR == permission) {       //Constants 是一个常量类
        forum.AddFile();
    }
    else
        System.out.println("You are not a associator of MyForum, please registe!");
    }
}
```

这样就实现了代理模式的功能。

但是实际使用时，一个真实角色必须对应一个代理角色，如果大量使用会导致类的急剧膨胀；此外，如果事先并不知道真实角色，该如何使用代理呢？这个问题可以通过 Java 的动态代理解决。

动态代理是在实现阶段不用关心代理谁，而在运行阶段才指定代理哪一个对象。

Java 动态代理类位于 java.lang.reflect 包下，一般主要涉及两个类：

（1）Interface InvocationHandler：该接口中仅定义了一个方法即 invoke()方法，这个抽象方法将会作为代理对象的方法在代理类中动态实现。

源代码清单如下：

```
Public class MyInvokationHandler implements InvocationHandler
{
    //需要被代理的对象
    Private Object target;
    Public void setTarget(Object target)
    {
        This.target=target;
    }
    //执行动态代理对象的所有方法时，都会被替换成执行如下的 invoke()方法
    Public Object invoke (Object proxy, Method method, Object[] args) throws Exception
    {
        ...
        //以 target 作为主调执行 method()方法
        Object result=method.invoke (target .args);
        ...
    }
}
```

设计模式概述 02

(2) Proxy：该类即为动态代理类。其中主要包含以下内容：
- protected Proxy(InvocationHandler h)：构造函数，用于给内部的 h 赋值。
- static Class getProxyClass(ClassLoader loader, Class[] interfaces)：获得一个代理类，其中 loader 是类装载器，interfaces 是真实类所拥有的全部接口的数组。
- static Object newProxyInstance(ClassLoader loader, Class[] interfaces, Invocation Handler h)：返回代理类的一个实例，返回后的代理类可以当作被代理类使用(可使用被代理类的在 Subject 接口中声明过的方法)。

下面来写一个 MyProxyFactory 类，该对象专为指定的 target 生成动态代理实例。代码清单如下：

```
Public Class MyProxyFactory
{
    //为指定 target 生成动态代理对象
    Public static Object getProxy (Object target) throws Exception
    {
        //创建一个 MyInvokationHandler 对象
        MyInvokationHandler handler =new MyInvokationHandler();
        //为 MyInvokationHandler 设置 target 对象
        Handler.setTarget(target);
        Return Proxy.newProxyInstance(target.getClass().getClassLoader(), target.getClass().getInterfaces(),handler);
    }
}
```

上面的动态代理工厂类提供了一个 getProxy()方法，该方法为 target 对象生成一个动态代理对象，该对象与 target 实现了相同的接口，所以该动态代理对象可以当成 target 对象使用。当程序调用动态代理对象的指定方法时，实际上将变为执行 MyInvokationHandler 对象的 invoke()方法。

这种动态代理在 AOP(Aspect Orient Program，面向切面编程)中被称为 AOP 代理，AOP 代理可以代替目标对象，它包含了目标对象的全部方法。但 AOP 代理中的方法与目标对象的方法存在差异：AOP 代理中的方法可以在执行目标方法之前、之后插入一些通用代理。

2.4 命令模式

在设计界面时，大家会注意到这样的一种情况，同样的菜单控件，在不同的应用环境中的功能是完全不同的；而菜单选项的某个功能可能和鼠标右键的某个功能完全一致。按照最差、最原始的设计，这些不同功能的菜单或者右键弹出菜单是要分开实现的，可以想象一下，某个软件中的菜单要实现出多少个"形似神非"的菜单类？这完全是行不通的。这时，就要运用分离变化与不变的因素，将菜单触发的功能分离出来，而制作菜单时只是提供一个统一的触发接口。这样修改设计后，功能点可以被不同的菜单或者右键重用；而且菜单控件也可以去除变化因素，很大地提高了重用；而且分离了显示逻辑和业务逻辑的耦合，这便是命令模式的雏形。

《设计模式》中命令模式的定义为：将一个请求封装为一个对象，从而可用不同的请求对客户进行参数化；对请求排队或记录请求日志，以及支持可撤销的操作。

命令模式是一种对象行为型模式，其别名为动作模式或者事务模式。它的角色组成为：

(1) 命令角色(Command)：声明执行操作的接口。由 Java 接口或者抽象类实现。

(2) 具体命令角色(Concrete Command)：将一个接收者对象绑定于一个动作，调用接收者相应的操作，以实现命令角色声明的执行操作的接口。

(3) 客户角色(Client)：创建一个具体命令对象(并可以设定它的接收者)。

(4) 请求者角色(Invoker)：调用命令对象执行这个请求。

(5) 接收者角色(Receiver)：知道如何实施与执行一个请求相关的操作。任何类都可能作为一个接收者。

命令模式类图如图 2-10 所示。

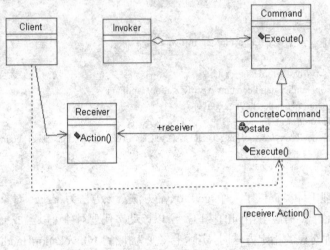

图 2-10 命令模式类图

这里以命令模式在 Web 开发中最常见的应用——Struts 中 Action 的使用作为例子。

在 Struts 中 Action 的控制类是整个框架的核心，它连接着页面要求和后台业务逻辑处理。按照框架设计，每一个继承自 Action 的子类，都实现 execute()方法——调用后台真正处理业务的对象来完成任务。下面将 Struts 中的各个类与命令模式中的角色一一对应。

先看下命令角色——Action 控制类，代码清单如下：

```
public class Action {
    ...
    //可以看出，Action 中提供了两个版本的执行接口，而且实现了默认的空实现
    public ActionForward execute( ActionMapping mapping, ActionForm form,
            ServletRequest request, ServletResponse response)
                throws Exception {
        try {
            return execute(mapping, form, (HttpServletRequest) request, (HttpServletResponse) response);
        } catch (ClassCastException e) {
            return null;
        }
    }
    public ActionForward execute(ActionMapping mapping, ActionForm form, HttpServletRequest request,
```

设计模式概述

```
                              HttpServletResponse response) throws Exception {
        return null;
    }
}
```

下面的就是请求者角色，它仅仅负责调用命令角色执行操作。代码清单如下：

```
public class RequestProcessor {
    ...
    protected ActionForward processActionPerform(HttpServletRequest request, HttpServletResponse response,
                Action action, ActionForm form, ActionMapping mapping)
                    throws IOException, ServletException {
        try {
            return (action.execute(mapping, form, request, response));
        } catch (Exception e) {
            return (processException(request, response,e, form, mapping));
        }
    }
}
```

Struts 框架提供了以上两个角色，要使用 Struts 框架完成自己的业务逻辑，剩下的 3 个角色就要由自己实现。步骤如下：

(1) 很明显要先实现一个 Action 的子类，并重写 execute()方法。在此方法中调用业务模块的相应对象完成任务。

(2) 实现处理业务的业务类充当接收者角色。

(3) 配置 struts-config.xml 配置文件，将自己的 Action 和 Form 以及相应页面结合起来。

(4) 编写 JSP，在页面中显式地制定对应的处理 Action。

一个完整的命令模式介绍完了，当用户在页面上提交请求后，Struts 框架会根据配置文件中的定义，将用户的 Action 对象作为参数传递给 RequestProcessor 类中的 processAction Perform()方法，由此方法调用 Action 对象中的执行方法，进而调用业务层的接收角色。这样就完成了请求的处理。

在定义中提到，命令模式支持可撤销的操作。而在上面的举例中并没有体现出来。其实命令模式之所以能够支持这种操作，完全得益于在请求者与接收者之间添加了中间角色。为了实现 undo 功能，首先需要一个历史列表来保存已经执行过的具体命令角色对象；修改具体命令角色中的执行方法，使它记录更多的执行细节，并将自己放入历史列表中；并在具体命令角色中添加 undo()方法，此方法根据记录的执行细节来复原状态(很明显，首先程序员要清楚应该如何实现，因为它和 execute()的效果是一样的)。

同样，redo 功能也能够按照此方法实现。

命令模式还有一个常见的用法就是执行事务操作，它可以在请求被传递到接收者角色之前，检验请求的正确性，甚至可以检查和数据库中数据的一致性，而且可以结合组合模式的结构一次执行多个命令。使用命令模式不仅可以解除请求者和接收者之间的耦合，而且可以用来做批处理操作，这完全可以发挥自己的想象——请求者发出的请求到达命令角色以后，先保存在一个列表中而不执行；等到一定的业务需要时，命令模式再将列表中全部的操作逐一执行。

2.5 策略模式

策略模式属于对象行为型设计模式,主要是定义一系列的算法,把这些算法逐个封装成拥有共同接口的单独类,并且使它们之间可以互换。策略模式让算法独立于使用它的客户而变化,也称政策模式。

策略模式由3个角色组成:

(1) 算法使用环境(Context)角色:算法被引用到这里和一些其他的与环境有关的操作一起完成任务。

(2) 抽象策略(Strategy)角色:规定了所有具体策略角色所需的接口。在 Java 中它通常由接口或者抽象类实现。

(3) 具体策略(Concrete Strategy)角色:实现了抽象策略角色定义的接口。

其类图如图 2-11 所示。

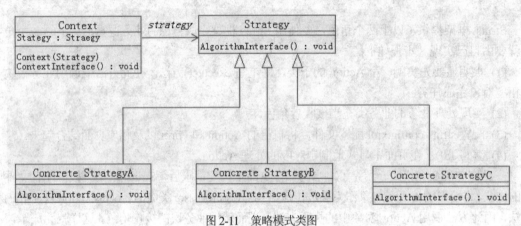

图 2-11　策略模式类图

考虑如下场景:现在正在开发一个网上书店,该店为了更好地促销,经常需要对图书进行打折促销,程序需要考虑各种打折促销的计算方法。

为了实现书店现在所提供的各种打折需求,程序考虑使用如下方式实现:

```
//实现 discount()方法代码
Public double discount(double price)
{
    //针对不同情况采用不同的打折算法
    Switch(getDiscountType())
    {
        Case VIP_DISCOUNT:
            Return vipDiscount(price);
            Break;
        Case OLD_DISCOUNT:
            Return oldDiscount(price);
        Case SALE_DISCOUNT:
```

```
            Return saleDiscount(price);
        ...
    }
}
```

上面的代码会根据打折类型决定使用不同的打折算法，从而满足该书店促销打折的要求。从功能的角度来说，这段代码并没有太大的问题。但这段代码有一个明显的不足，程序中各种打折方法都被直接写入了 discount(double price)方法中。假设，该书店需要新增一种打折类型，那么必须修改至少 3 处代码：首先增加一个常量，该常量代表新增的打折类型；其次需要在 Switch 语句中新加一个 Case 语句，最后需要实现一个 xxxDiscount()方法用于实现新增的打折算法。

现在使用策略模式来实现，首先提供一个打折算法的接口，代码如下：

```
Public interface DiscountStrategy
{
    //定义一个用于计算打折价的方法
    Double getDiscount(double originPrice);
}

//然后为该打折接口提供两个策略类，分别实现不同的打折法

//实现 DiscountStrategy 接口，实现对 VIP 打折的算法
Public class VipDiscount Implements DiscountStrategy
{
    //重写 getDiscount()方法，提供 VIP 打折算法
    Public double getDiscount(double originPrice)
    {
        System.out.println("使用 VIP 折扣…");
        Return originPrice * 0.5;
    }
}

Public class OldDiscount Implements DiscountStrategy
{
    //重写 getDiscount()方法，提供旧书打折算法
    Public double getDiscount(double originPrice)
    {
    System.out.println("使用旧书折扣…");
    Return originPrice * 0.7;
    }
}
```

提供了如上两个折扣策略类之后，程序还应该提供一个 DiscountContext 类，该类用于为客户端代码选择合适的折扣策略，也允许用户自由选择折扣策略。下面是 DiscountContext 类的代码：

```
Public class DiscountContext
{
    //组合一个 DiscountStrategy 对象
```

```
Private DiscountStrategy strategy;
//构造器，传入一个 DiscountStrategy 对象
Public DiscountContext(DiscountStrategy strategy)
{
    This.strategy= statrategy;
}
//根据实际所使用的 DiscountStrategy 对象得到折扣价
Public double getDiscountPrice (double price)
{
    //如果 strategy 为 null，系统自动选择 OldDiscount 类
    If (strategy==null)
    {
        Strategy=new oldDiscount();
    }
    Return this.strategy.getDiscount(price);
}
//提供切换算法的方法
Public void changeDiscount(DiscountStrategy strategy)
{
    This.strategy=strategy;
}
}
```

从上面的程序代码可以看出，该 Context 类扮演了决策者的角色，它决定调用哪个折扣策略处理图书打折。当客户端代码没有选择合适的折扣时，该 Context 会自动选择 OldDiscount 折扣策略；用户也可根据需要选择合适的折扣策略。

当业务需要新增一种打折类型时，系统只需要新定义一个 DiscountStrategy 实现类，该实现类实现 getDiscount()方法，用于实现新的打折算法即可。客户端程序需要切换为新打折策略时，则需要先调用 DiscountContext 的 changeDiscount()切换为新的打折策略。

策略模式的使用环境如下：

(1) 系统需要能够在几种算法中快速地切换。
(2) 系统中有一些类仅行为不同时，可以考虑采用策略模式进行重构。
(3) 系统中存在多重条件选择语句时，可以考虑采用策略模式重构。

但是要注意一点，策略模式中不可以同时使用多于 1 个的算法。

2.6 MVC

MVC(Model View Controller)是模型(Model)－视图(View)－控制器(Controller)的缩写。使用 MVC 是将 M 和 V 的实现代码分离，从而使同一个程序可以使用不同的表现形式。C 存在的目的则是确保 M 和 V 的同步，一旦 M 改变，V 应该同步更新，从例子可以看出 MVC 就是 Observer

设计模式的一个特例。

MVC 把这种应用程序分为 3 种对象类型:
(1) 模型:维护数据并提供数据访问方法。
(2) 视图:绘制模型的部分数据或所有数据的可视图。
(3) 控制器:处理事件。

三者之间的结构图如图 2-12 所示。

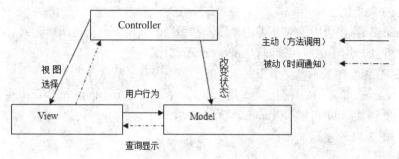

图 2-12　MVC 结构图

GoF 四人组提出 MVC 模式的主要关系是由 Observer(观察者模式)、Composite(组合模式)和 Strategy(策略模式)3 个设计模式给出的。当然其中还可能使用了其他设计模式,这要根据具体场景的需要来决定。

MVC 模式最重要的是用到了 Observer(观察者模式),正是观察者模式实现了发布-订阅(Publish-Subscribe)机制,实现了视图和模型的分离。因此谈到 MVC 模式就必须谈到观察者模式,如图 2-13 所示。

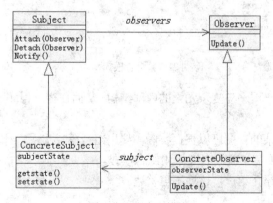

图 2-13　观察者模式

观察者模式:定义对象间的一种一对多的依赖关系,当一个对象的状态发生改变时,所有依赖于它的对象都得到通知并被自动更新。

图 2-13 中的 Subject 称为主题,Observer 称为观察者。主题提供注册观察者、移除观察者和通知观察者的接口,这样只要观察者注册成为主题的一个观察者的话,主题在状态发生变化时会通知观察者。观察者有一个更新自己的接口,当收到主题的通知之后观察者就会调用该接口更新自己。如何实现注册和通知的呢?如果是用 C++或 Java 的话,主题就需要有一个观察者

链表，注册就是将观察者加入到该链表中，移除则是从该链表中删除，当主题状态变化时就遍历该链表所有的观察者通知其更新自己。

观察者模式中的主题对应于 MVC 模式中的 Model(模型)，观察者对应于 MVC 模式中的 View(视图)。

组合模式：将对象组合成树形结构以表示"部分整体"的层次结构。组合模式使得用户对单个对象和组合对象的使用具有一致性。

它共涉及 3 类角色：

(1) Component：组合中的对象声明接口，在适当的情况下，实现所有类共有接口的默认行为。声明一个接口用于访问和管理 Component 子部件。

(2) Leaf：在组合中表示叶子节点对象，叶子节点没有子节点。

(3) Composite：定义有支节点行为，用来存储子部件，在 Component 接口中实现与子部件的有关操作，如增加(Add)和删除(Remove)等。

其类图如图 2-14 所示。

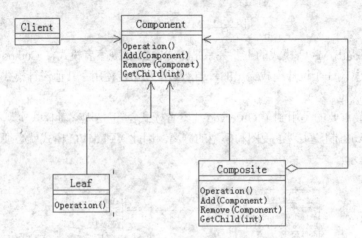

图 2-14　组合模式

组合模式解耦了客户程序与复杂元素的内部结构，从而使客户程序可以像处理简单元素一样来处理复杂元素。

GoF 四人组提出复杂的视图可以根据实际需要用组合模式实现。当然，也要注意避免过度设计，如果视图的结构不复杂就没必要采用组合模式。

策略模式在前面已经介绍过，这里不再赘述。

2.7　本章小结

在软件开发的过程中，开发人员最为担心的是需求的不断变化，而这些变化又不是开发人员所能控制的，因此，为了适应这些变化，就要使用设计模式。不过，使用设计模式并不是一定就能得到一个好的设计，过分地使用设计模式会增加程序的复杂性和晦涩性，让程序不易理解,从而降低了程序的易维护性。因此要避免过度使用设计模式,应根据面向对象的设计原则和实际情况综合考虑设计,从而设计出具有良好扩展性和易维护性的软件。

2.8 习题

1. 单选题

(1) 静态工厂的核心角色是(　　)。
　　A. 抽象产品　　　　B. 具体产品　　　C. 静态工厂　　　D. 消费者
(2) 以下属于创建型模式的是(　　)。
　　A. 抽象工厂模式(Abstract Factory)　　B. 装饰模式(Decorator)
　　C. 外观模式(Facade)　　　　　　　　　D. 桥接模式(Bridge)
(3) 定义一系列的算法,把它们一个个封装起来,并且使它们可相互替换。这句话是对(　　)模式的描述。
　　A. 观察者模式(Observer)　　　　　　　B. 组合模式(Bridge)
　　C. 工厂方法模式(Adapter)　　　　　　 D. 策略模式(Strategy)
(4) 单例模式适用于(　　)。
　　A. 当类有多个实例而且客户可以从一个众所周知的访问点访问它时
　　B. 当这个唯一实例应该是通过子类化可扩展的,并且客户应该无需更改代码就能使用一个扩展的实例时
　　C. 当构造过程必须允许被构造的对象有不同的表示时
　　D. 生成一批对象时
(5) 下列关于静态工厂方法模式与工厂方法模式表述错误的是(　　)。
　　A. 两者都满足开闭原则: 静态工厂方法模式以 if…else…方式创建对象, 增加需求时会修改源代码
　　B. 静态工厂方法模式对具体产品的创建类别和创建时机的判断是混合在一起的, 而在工厂方法模式中是分开的
　　C. 不能形成静态工厂方法模式的继承结构
　　D. 在工厂方法模式中, 对于存在继承等级结构的产品树, 产品的创建是通过相应等级结构的工厂创建的

2. 填空题

(1) 工厂模式分为简单工厂模式、工厂方法模式、____模式3种类型。
(2) ____模式确保某一个类仅有一个实例,并自行实例化向整个系统提供这个实例。
(3) ____模式中,父类负责定义创建对象的接口,子类则负责生成具体的对象。

2.9 实验

【实验题目】

设计模式实践。

【实验目的】

掌握本章介绍的设计模式。

【实验内容】

在很多大型公司机构中,员工所使用的一卡通系统中有一个非常重要的子模块——扣款子模块。从技术上来说,扣款的异常处理、事务处理、鲁棒性都是不容忽视的,特别是饭点时间并发量很大,因此对系统架构有很高的要求。

假设在这种一卡通的 IC 卡上有以下两种金额:

(1) 固定金额:指不能提现的的金额,这部分金额只能用来特定消费,如食堂吃饭等。

(2) 自由金额:这部分可以提现,也可以用于消费。

每月初公司都会给每个员工卡里打入固定数量的金额。因此,在实际系统开发中,架构设计采用的是一张 IC 卡绑定两个账户——固定金额账户和自由金额账户,并且系统有两套扣款规则。

扣款规则一:该类型消费分别在固定金额和自由金额各扣除一半。这类扣款规则适用于固定消费场景,如吃饭。

扣款规则二:全部从自由金额上扣除,如在公司下属企业超市之类的消费。

请根据这两种消费规则进行模式设计。

第 3 章

Struts 2 框架

3.1 Struts 2 框架概述

Struts 是 Apache 软件基金会(ASF)赞助的一个开源项目，它最初是 Jakarta 项目中的一个子项目，在 2004 年 3 月成为 ASF 的顶级项目。它通过采用 Java Servlet/JSP 技术，实现了基于Java EE Web 应用的 MVC 设计模式的应用框架，是 MVC 设计模式中的一个经典产品。

Struts 2 由传统的 Struts 1、WebWork 两个经典 MVC 框架发展起来，无论是从设计的角度来看，还是从在实际项目中的易用性来看，Struts 2 都是一个非常优秀的 MVC 框架。与传统的 Struts 1 相比，Struts 2 允许使用普遍的、传统的 Java 对象作为 Action，Action 的 execute()方法不再与 Servlet API 耦合，因而更易测试。Struts 2 支持更多的视图技术，提供了基于 AOP 思想的拦截器机制，以及更强大、更易用的输入校验功能和 AJAX 支持等，这些都是 Struts 2 的巨大吸引力。

3.1.1 Struts 2 框架的由来

从大的版本来说，Struts 分为 Struts 1 和 Struts 2。从 Struts 1 到 Struts 2，并不是版本演进那么简单，Struts 2 是一个全新的框架。Struts 2 是在 Struts 1 和 WebWork 的技术基础上进行了合并，是一种全新的 MVC 框架，与 Struts 1 的体系结构的差别巨大。Struts 2 以 WebWork 为核心，采用拦截器的机制来处理用户的请求，这样的设计也使得业务逻辑控制器能够与 Servlet API 完全分离，所以 Struts 2 可以理解为 WebWork 的更新产品。Struts 2 和 Struts 1 有着太大的变化，但是相对于 WebWork，Struts 2 只有很小的变化，但是 Struts 已经被广泛使用，所以仍以 Struts 2 命名该框架。

从 Struts 2 官网的图标可以清楚地看出 Struts 2 框架的由来，如图 3-1 所示。

图 3-1 Struts 2 官网图标

目前，Java Web 项目主流开发大部分使用 Struts 2 框架，本书介绍的也正是 Struts 2 框架。

3.1.2 Struts 2 框架的下载和安装

目前，Struts 2 的最新稳定版本是 2.3.16 版，本书所介绍的 Struts 2 都是基于此版本的。Struts 2.3.16 版本改正了以前一些版本存在的漏洞，而且经过大量开发者的反复验证，和其他框架或技术的兼容性也较好，所以建议初学者下载该版本的 Struts 2 进行学习。

下载和安装 Struts 2 请按如下步骤进行：

(1) 登录 Struts 2 官网(http://struts.apache.org)，下载 Struts 2.3.16 版。

下载 Struts 2 时有如下几个选项：

- Full Distribution：下载 Struts 2 的完整版，通常建议下载该选项，该选项包括 Struts 2 的示例应用、空示例应用、核心库、源代码和文档等。
- Example Applications：仅下载 Struts 2 的示例应用，这些示例应用对于学习 Struts 2 有很大的帮助，下载 Struts 2 的完整版时已经包含了该选项下的全部应用。
- Essential Dependencies：仅下载 Struts 2 的核心库，下载 Struts 2 的完整版时将包括该选项下的全部内容。
- Documentation：仅下载 Struts 2 的相关文档，包含 Struts 2 的使用文档、参考手册和 API 文档等。下载 Struts 2 的完整版时将包括该选项下的全部内容。
- Source：下载 Struts 2 的全部源代码，下载 Struts 2 的完整版时将包括该选项下的全部内容。

通常建议下载第一个选项，即下载 Struts 2 的完整版，将下载到的*.zip 文件解压缩，该文件夹包含如下文件结构：

- apps：该文件夹下包含了基于 Struts 2 的示例应用，这些示例应用对于学习者是非常有用的资料。
- docs：该文件夹下包含了 Struts 2 的相关文档，包括 Struts 2 的使用文档、参考手册，以及 API 文档等内容。
- lib：该文件夹下包含了 Struts 2 框架的核心类库，以及 Struts 2 的第三方插件类库。
- src：该文件夹下包含了 Struts 2 框架的全部源代码。

(2) 对于一个基本的 Struts 2 项目来说,所必须的 JAR 有:
- commons-fileupload-1.3。
- commons-io-2.2。
- commons-lang3-3.1。
- freemarker-2.3.19。
- javassist-3.11.0.GA。
- ognl-3.0.6.jar。
- struts2-core-2.3.16.jar。
- xwork-core-2.3.16.jar。

把以上 JAR 复制到 Web 应用的 WEB-INF/lib 路径下,即可完成该步骤。以上只是针对 Struts 2.3.16 版本来说的,如果换成了其他版本,所需 JAR 包可能有所不同。另外,上述只是一个 Struts 2 项目最基本的 JAR 包,如果需要使用 Struts 2 的其他功能,需要引入相应的 JAR 包。

(3) 编辑 Web 应用的 web.xml 配置文件,配置 Struts 2 的核心 Filter。下面是增加了 Struts 2 的核心 Filter 配置的 web.xml 配置文件的代码片段:

```xml
<?xml version="1.0" encoding="UTF-8"?>
<web-app version="2.5"
    xmlns="http://java.sun.com/xml/ns/javaee"
    xmlns:xsi="http://www.w3.org/2001/XMLSchema-instance"
    xsi:schemaLocation="http://java.sun.com/xml/ns/javaee http://java.sun.com/xml/ns/javaee/web-app_2_5.xsd">
  <welcome-file-list>
    <welcome-file>login.jsp</welcome-file>
  </welcome-file-list>

  <!-- 添加 Struts 2 的过滤器,对于不同版本的 Struts,filter-class 可能不同 -->
  <filter>
    <filter-name>struts2</filter-name>
    <filter-class>
      org.apache.struts2.dispatcher.ng.filter.StrutsPrepareAndExecuteFilter
    </filter-class>
  </filter>
  <filter-mapping>
    <filter-name>struts2</filter-name>
    <url-pattern>/*</url-pattern>
  </filter-mapping>
</web-app>
```

经过上面 3 个步骤,就可以在 Web 应用中使用 Struts 2 的基本功能了。

3.1.3 Struts 2 框架的体系结构图

所有的 Web 项目,都是基于请求/响应模式而建立的。对于使用 Struts 2 框架的 Web 项目同样如此,由于在 web.xml 文件中配置了 Struts 的核心 Filter,就将正常的 Web 流程转入 Struts 框架内。图 3-2 所示是 Struts 2 框架的体系结构图。

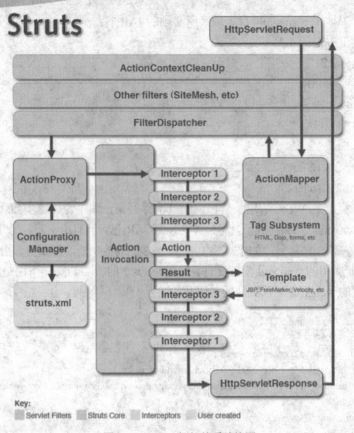

图 3-2　Struts 2 框架体系结构图

从图 3-2 可以看出 Struts 2 框架的运行过程：

(1) 客户端发送请求。

(2) 请求先通过 ActionContextCleanUp-->FilterDispatcher。

(3) FilterDispatcher 通过 ActionMapper 来决定这个 Request 需要调用哪个 Action。

(4) 如果 ActionMapper 决定调用某个 Action，FilterDispatcher 把请求的处理交给 ActionProxy，这里已经转到它的 Delegate--Dispatcher 来执行。

(5) ActionProxy 根据 ActionMapper 和 ConfigurationManager 找到需要调用的 Action 类。

(6) ActionProxy 创建一个 ActionInvocation 的实例。

(7) ActionInvocation 调用真正的 Action，当然这涉及相关拦截器的调用。

(8) Action 执行完毕，ActionInvocation 创建 Result 并返回。

对于具体细节部分，以下将逐一进行详细介绍。

3.2　Struts 2 框架的基本用法

上节对 Struts 2 的下载安装及基本原理进行了简要介绍，本节将详细介绍 Struts 2 框架的基本用法。

3.2.1 使用 Struts 2 框架的开发步骤

下面简单介绍 Struts 2 应用的开发步骤：

(1) 在 web.xml 文件中定义核心 Filter 来拦截用户请求。由于 Web 应用是基于请求/响应架构的应用，所以不管哪个 MVC Web 框架，都需要在 web.xml 中配置该框架的核心 Servlet 或 Filter，这样才可以让该框架介入 Web 应用中。

例如，开发 Struts 2 应用第 1 步就是在 web.xml 文件中增加如下配置片段：

```xml
<!-- 添加 Struts 2 的过滤器，对于不同版本的 Struts，filter-class 可能不同 -->
<filter>
    <filter-name>struts2</filter-name>
    <filter-class>
        org.apache.struts2.dispatcher.ng.filter.StrutsPrepareAndExecuteFilter
    </filter-class>
</filter>
<filter-mapping>
    <filter-name>struts2</filter-name>
    <url-pattern>/*</url-pattern>
</filter-mapping>
```

(2) 如果需要以 POST 方式提交请求，则定义包含表单数据的 JSP 页面。如果仅仅只是以 GET 方式发送请求，则无须经过这一步。

(3) 定义处理用户请求的 Action 类。

(4) 配置 Action。对于 Java 领域的绝大部分 MVC 框架而言，都非常喜欢使用 XML 文件来配置管理，这在以前是一种思维定势。配置 Action 就是指定哪个请求对应用哪个 Action 进行处理，从而让核心控制器根据该配置来创建合适的 Action 实例，并调用该 Action 的业务控制方法。

例如，通常需要采用如下代码片段来配置 Action：

```xml
<action name="login"    class="dps.action.LoginAction">
    <result name = "success">loginSuccess.jsp</result>
</action>
```

上面的配置片段指定如果用户请求 URL 为 login，则使用 dps.action.LoginAction 来处理，如果处理方法返回值为字符串 success，则跳转到 loginSuccess.jsp 页面。

现在 Struts 2 的 Convention 插件借鉴了 Rails 框架的优点，开始支持"约定优于配置"的思想，也就是采用约定方式来规定用户请求地址和 Action 之间的对应关系。

(5) 配置处理结果和物理视图资源之间的对应关系。当 Action 处理用户请求结束后，通常会返回一个处理结果(通常使用简单的字符串即可)。可以认为该返回值是逻辑视图名，这个逻辑视图名需要和指定物理视图资源关联才有意义，所以还需要配置处理结果之间的对应关系。

例如，通过如下代码片段来配置处理结果和物理视图的映射关系：

```xml
<!-- 定义 2 个逻辑视图和物理资源之间的映射关系 -->
<action name="login" class="dps.action.UserAction" method="loginAction">
    <result name="success">/loginSuccess.jsp</result>
```

```xml
<result name="input">/login.jsp</result>
</action>
```

(6) 编写视图资源，也就是前台页面文件，一般是 JSP 页面。如果 Action 需要把一些数据传给视图资源，则可以借助于 OGNL 表达式。

经过上述 6 个步骤，就基本完成了一个 Struts 2 处理流程的开发，也就是可以利用 Struts 2 框架执行一次完整的请求/响应过程。Struts 2 框架的本质还是要执行请求/响应过程的，不过它对此过程进行了封装，使得开发者更易于接受，程序的扩展性也更好。

3.2.2 Struts 2 框架的 Action 接口

对于 Struts 2 应用的开发者而言，Action 才是应用的核心，开发者需要提供大量的 Action 类，并在 struts.xml 文件中配置 Action 映射关系。Action 类中包含了对用户请求的逻辑处理，所以 Action 类也称业务控制器。

相对于 Struts 1 而言，Struts 2 采用了低侵入式的设计，Struts 2 不强制要求 Action 类继承任何的 Struts 2 基类，或者实现任何 Struts 2 接口。在这种设计方式下，Struts 2 的 Action 类是一个普通的 POJO(通常应该包含一个无参数的 execute()方法)，从而有很好的代码复用性。

Struts 2 通常直接使用 Action 来封装 HTTP 请求参数，因此，Action 类中还应该包含与请求参数对应的属性，并且为这些属性提供对应的 setter()和 getter()方法。实际上，Action 类成员变量的 setter()和 getter()方法非常重要，其作用就是前后台传递参数，相当于 Servlet 中的 setparameter()和 getParameter()方法的作用。Struts 2 框架把传递参数的过程封装起来，方便开发者的编程操作。

为了让开发者开发的 Action 类更规范，Struts 2 提供了一个 Action 接口，这个接口定义了 Struts 2 的 Action 处理类应该实现的规范。下面是标准 Action 接口的代码：

```java
public interface Action
//定义 Action 接口中包含的一些结果字符
public static final String ERROR = "error";
public static final String INPUT = "input";
public static final String LOGIN = "login";
public static final String NONE = "none";
public static final String SUCCESS = "success";
//定义处理用户请求的 execute()方法
public String execute() throws Exception;
```

上面的 Action 接口中只定义了一个 execute()方法，该接口的规范规定了 Action 类应该包含一个 execute()方法，该方法返回一个字符串。除此之外，该接口还定义了 5 个字符串常量，它们的作用是统一 execute()方法的返回值。

对于开发者来说，可以在自定义的 Action 类中对上述 Action 接口进行实现，或者直接继承系统已经封装好的一个类——ActionSupport。ActionSupport 是一个默认的 Action 实现类，该类中已经提供了许多默认方法，这些默认方法包括获取国际化信息的方法、数据校验的方法、默认的处理用户请求的方法等。实际上，ActionSupport 类是 Struts 2 默认的 Action 处理类，如果让开发者的 Action 类继承该 ActionSupport 类,则会大大简化 Action 的开发。虽然 Struts 2 不强制要求 Action 类继承父类或实现接口,但是在实际开发过程中,继承 ActionSupport 类可以大大提高开发效率。下面是定义 Action 类的常用方式:

```
public class UserAction extends ActionSupport {
//action 属性定义
…
//action 方法定义
…
}
```

3.2.3 Struts 2 框架的配置文件

对于 Struts 2 项目来说,常用的配置文件有两个:web.xml 和 struts.xml。

在 web.xml 文件中,主要是配置 struts 2 的过滤器,把整个 Web 的流程转入到 Struts 2 框架中。配置如下所示:

```xml
<?xml version="1.0" encoding="UTF-8"?>
<web-app version="2.5"
    xmlns="http://java.sun.com/xml/ns/javaee"
    xmlns:xsi="http://www.w3.org/2001/XMLSchema-instance"
    xsi:schemaLocation="http://java.sun.com/xml/ns/javaee http://java.sun.com/xml/ns/javaee/web-app_2_5.xsd">
    <welcome-file-list>
        <welcome-file>login.jsp</welcome-file>
    </welcome-file-list>

    <!-- 添加 Struts 2 的过滤器,对于不同版本的 Struts,filter-class 可能不同 -->
    <filter>
        <filter-name>struts2</filter-name>
        <filter-class>
            org.apache.struts2.dispatcher.ng.filter.StrutsPrepareAndExecuteFilter
        </filter-class>
    </filter>
    <filter-mapping>
        <filter-name>struts2</filter-name>
        <url-pattern>/*</url-pattern>
    </filter-mapping>
</web-app>
```

struts.xml 文件主要用来配置 Action。具体来说,就是定义 Action 执行后的动作,是跳转到其他的 JSP 页面,还是接着执行一个新的 Action,或者其他动作等。struts.xml 文件是 struts 2 框架的核心配置文件,在项目开发过程中,需要在此文件中进行大量的配置。

【说明】如果项目规模较大，把所有的 Action 配置到一个文件中，会显得 struts.xml 文件过于庞大而难以维护，这时可以考虑把配置文件拆分开，在 struts.xml 文件中把各个文件 include 进来即可。这样显得配置文件的结构更为清晰合理，项目也更易于维护。

struts.xml 文件中还可以定义常量。以下是一个常见的 struts.xml 文件的示例：

```xml
<?xml version="1.0" encoding="UTF-8" ?>
<!DOCTYPE struts PUBLIC
    "-//Apache Software Foundation//DTD Struts Configuration 2.0//EN"
    "http://struts.apache.org/dtds/struts-2.0.dtd">
<struts>
    <!--定义字符编码常量-->
    <constant name="struts.i18n.encoding" value="gbk" />
    <!--在此处添加 package -->
    <package name="myPackage" extends="struts-default">
        <action name="save" class="dps.action.UserAction" method="saveAction">
            <result name="success">/listAllUsers.jsp</result>
        </action>
        <action name="delete" class="dps.action.UserAction" method="deleteAction">
            <result name="success">/listAllUsers.jsp</result>
        </action>
    </package>
</struts>
```

Struts.xml 文件中，主要是一系列的 Action 配置，其中要注意以下几点：

(1) Action 的名字不能重复，否则配置文件会报错。

(2) 默认的 Action 执行方法是 execute() 方法，如果想改变默认执行方法，可以使用 method 属性进行指定。

(3) result 标签 name 属性的默认值是 succss。

Struts 2 框架的配置文件借鉴了很多 WebWork 的优点，如可以在 struts.properties 文件中定义常量。

3.2.4 完整的 Struts 2 框架应用实例

以下通过一个完整的 Struts 2 项目的建立过程，来对本小节的内容进行总结。

【说明】该项目的功能较为简单，起始页面为一个登录页面，输入正确的用户名和密码后跳转到登录成功的页面，否则在登录页面提示一个错误信息。

1. 建立一个 Java Web 项目

新建 Web 项目，名称为 UserManager，如图 3-3 所示。项目完成的主要功能是用户信息管理。在本书的后续章节中，还会对该项目逐步完善，如添加 Hibernate 框架，添加 Spring 支持等。

Struts 2 框架　03

图 3-3　新建 Web 项目

2. 导入 Struts 所需 JAR

把该版本 Struts 2 所必须的 JAR 复制到项目 WEB-INF/lib 目录下，如图 3-4 所示。

图 3-4　导入 JAP

3. 在 web.xml 文件中添加 Struts 2 的过滤器

修改 web.xml 文件，添加 Struts 的过滤器，代码如下所示：

```xml
<?xml version="1.0" encoding="UTF-8"?>
<web-app version="2.5"
    xmlns="http://java.sun.com/xml/ns/javaee"
    xmlns:xsi="http://www.w3.org/2001/XMLSchema-instance"
    xsi:schemaLocation="http://java.sun.com/xml/ns/javaee http://java.sun.com/xml/ns/javaee/web-app_2_5.xsd">
  <welcome-file-list>
    <welcome-file>index.jsp</welcome-file>
  </welcome-file-list>

  <!-- 添加 Struts 2 的过滤器，对于不同版本的 Struts，filter-class 可能不同 -->
  <filter>
    <filter-name>struts2</filter-name>
    <filter-class>
        org.apache.struts2.dispatcher.ng.filter.StrutsPrepareAndExecuteFilter
    </filter-class>
  </filter>
  <filter-mapping>
    <filter-name>struts2</filter-name>
    <url-pattern>/*</url-pattern>
  </filter-mapping>
</web-app>
```

4. 建立 Action 类

为了项目代码的归类更加明确，建立一个 dps.action 的 package，该 package 以后就存放用户自定义的 Action。在该 package 下建立一个 UserAction 类，父类为 ActionSupport，如图 3-5 所示。

图 3-5　创建 Action 类

在 UserAction 类中，定义了两个成员变量——username 和 password，这两个变量主要接受前台 JSP 页面用户输入的用户名和密码。UserAction 类的代码如下：

```java
package dps.action;
import com.opensymphony.xwork2.ActionSupport;
public class UserAction extends ActionSupport {
    private String username;
    private String password;
    public String getUsername() {
        return username;
    }
    public void setUsername(String username) {
        this.username = username;
    }
    public String getPassword() {
        return password;
    }
    public void setPassword(String password) {
        this.password = password;
    }
    @Override
    public String execute() throws Exception {
        //定义返回值变量
        String strReturn = INPUT;
        //业务逻辑判断
        if(this.username.equals("abc")&&this.password.equals("123"))
            strReturn = SUCCESS;
        else
            ActionContext.getContext().getSession().put("tip","登录失败");
        return strReturn;
    }
}
```

可以看出，在 Action 的默认处理方法 execute()中，对用户名和密码进行了验证，如果用户名是"abc"，并且密码是"123"，则返回 SUCCESS。

5. 建立前台 JSP 页面

接下来建立前台的 JSP 页面。该处模拟一个用户登录的过程，建立一个用户登录页面和登录成功的页面。由于还没有学习 Struts 2 的标签，此处仍使用 HTML 标签。

首先使用 MyEclipse 10 的向导建立一个简单的 JSP 页面，如图 3-6 所示。

图 3-6 创建 JSP 页面

JSP 页面的名称为 login.jsp，内容如下：

```jsp
<%@ page language="java" contentType="text/html; charset=UTF-8" pageEncoding="UTF-8"%>
<!DOCTYPE html PUBLIC "-//W3C//DTD HTML 4.01 Transitional//EN"
                    "http://www.w3.org/TR/html4/loose.dtd">
<html>
<head>
  <meta http-equiv="Content-Type" content="text/html; charset=UTF-8">
  <title>用户登录页面</title>
</head>
<body>
  <center>
    ${tip }
    <form action="login.action" method="post">
    <table>
    <tr>
      <td>用户名</td>
      <td> <input type="text" name="username"></td>
    </tr>
    <tr>
      <td>密码</td>
      <td> <input type="password" name="password"></td>
    </tr>
    <tr>
      <td colspan="2"> <input type="submit"    value="登陆" /></td>
    </tr>
    </table>
    </form>
  </center>
</body>
</html>
```

再添加一个登录成功后的跳转页面 loginSuccess.jsp，其内容如下：

```jsp
<%@ page language="java" contentType="text/html; charset=UTF-8"
<%@ page language="java" contentType="text/html; charset=UTF-8" pageEncoding="UTF-8"%>
<!DOCTYPE html PUBLIC "-//W3C//DTD HTML 4.01 Transitional//EN"
                    "http://www.w3.org/TR/html4/loose.dtd">
<html>
<head>
  <meta http-equiv="Content-Type" content="text/html; charset=UTF-8">
  <title>登录成功</title>
</head>
<body>
  用户登录成功
</body>
</html>
```

6. 添加 struts.xml 文件并对其进行配置

在 src 目录下添加一个 XML 文件，名字为 struts.xml 文件，内容如下：

```xml
<?xml version="1.0" encoding="UTF-8"?>
<!DOCTYPE struts PUBLIC
    "-//Apache Software Foundation//DTD Struts Configuration 2.0//EN"
    "http://struts.apache.org/dtds/struts-2.0.dtd">

<struts>
    <!-- 设置 Struts 对 Web 页面的解码方式 -->
    <constant name="struts.i18n.encoding" value=" UTF-8"/>

    <package name="myPackage"    extends="struts-default" >
        <!-- 定义登录的 action -->
        <action name="login" class="dps.action.UserAction">
            <result>loginSuccess.jsp</result>
            <result name="input">login.jsp</result>
        </action>
    </package>
</struts>
```

7. 运行结果

修改 web.xml 文件，把项目的起始页改为 login.jsp，代码如下：

```
<welcome-file-list>
    <welcome-file>login.jsp</welcome-file>
</welcome-file-list>
```

再删掉没有使用的 index.jsp 页面，然后把该项目部署到 Tomcat 中，进行测试。项目的首页为登录页面，如图 3-7 所示。

图 3-7　项目首页

当用户输入不正确时，则显示如图 3-8 所示的页面。

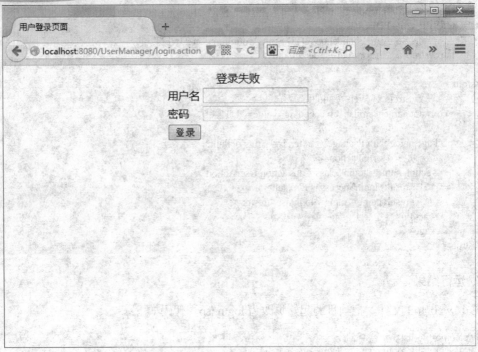

图 3-8 登录失败页面

当用户输入正确时,登录成功,如图 3-9 所示。

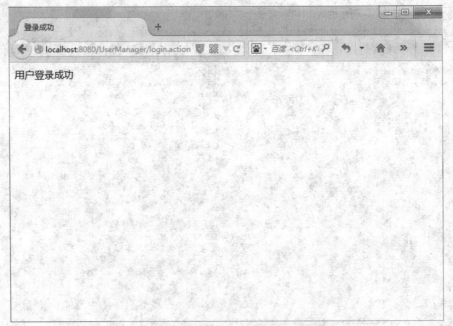

图 3-9 登录成功页面

整个项目的结构如图 3-10 所示。

Struts 2 框架

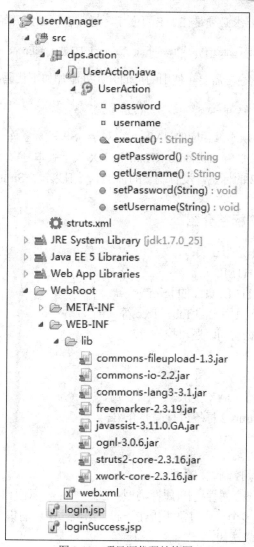

图 3-10　项目源代码结构图

　　虽然这个 Struts 项目较为简单，但是包含了 Struts 2 框架的基本用法。后续章节会对这个项目逐步完善，使之成为一个完整的用户管理系统。

Struts 2 框架的标签库

3.3.1　Struts 2 标签库和 JSP 标签库的区别

　　在开发前台页面的过程中，使用标签可以提高开发效率。Struts 2 的标签和 JSP 的标签都属于系统定义的标签，开发者可以直接使用，这两者的区别主要在于引入方式的不同。

(1) 使用 JSP 标签，要求必须是在 JSP 页面中，通常在页面的开始处有以下代码：

```
<%@ page language="java" contentType="text/html; charset=UTF-8" pageEncoding="UTF-8"%>
```

(2) 使用 Struts 2 的标签，需要在使用的页面开始处添加如下代码：

```
<%@taglib prefix="s" uri="/struts-tags" %>
```

当然，使用标签库必须添加相应的 JAR 包，对于 JSP 的标签库，需要添加 jstl.jar；对于 Struts 2 的标签库，需要添加 Struts 2.core-XX.jar 包(XX 表示版本号)。在开发中究竟是使用 JSP 的标签，还是使用 Struts 2 的标签，没有统一的标准。一般来说，Struts 的标签功能更为丰富。

3.3.2 常用的 Struts 2 标签介绍

Struts 2 框架的标签库分为 3 类：
(1) 用户标签：生成 HTML 元素。
➤ 表单标签：生成 HTML 页面的 form 元素。
➤ 非表单标签：生成页面上的 Tab、Tree 等。
(2) 非用户标签：数据访问、逻辑控制等。
➤ 控制标签。
➤ 数据标签。
(3) AJAX 标签：支持 AJAX 技术。
以下对一些常用的 Struts 2 标签进行简要介绍。

1. 控制标签

➤ if/elseif/else 标签：控制流程分支。
➤ iterator 标签：对集合属性迭代(属性类型：List、Map、数组)。
➤ append 标签：将多个集合对象拼接在一起，组成一个新的集合。将多个集合使用一个 <iterator/> 标签完成迭代。
➤ generator 标签：将指定的字符串按照规定的分隔符分解成多个子字符串。
➤ merge 标签：将多个集合拼接在一起。
➤ subset 标签：获取某个集合的子集合。
➤ sort 标签：对指定的集合元素进行排序。

2. 数据标签

➤ action 标签：直接调用一个 Action，根据 executeResult 参数，可以将 Action 的处理结果包含到页面中。
➤ bean 标签：创建一个 JavaBean 实例。
➤ date 标签：格式化输出一个日期属性。
➤ debug 标签：生成一个调试链接，当单击该链接时，可以看到当前栈值中的内容。
➤ i18n 标签：指定国际化资源文件的 baseName。
➤ include 标签：包含其他的页面资源。

- param 标签：设置参数。
- property 标签：输出某个值。可以输出值栈、StackContext、ActionContext 中的值。
- push 标签：将某个值放入值栈。
- set 标签：设置一个新的变量。
- text 标签：输出国际化信息。
- url 标签：生成一个 URL 地址。

3. 表单标签

- checkbox 标签：生成复选框。
- checkboxlist 标签：根据一个集合属性创建一系列的复选框。
- combobox 标签：生成一个单选框和一个下拉列表框的组合。
- doubleselect 标签：生成一个相互关联的列表框，该标签由两个下拉列表框组成。
- datetimepicker 标签：生成一个日期、时间下拉列表框。
- head 标签：生成 HTML 页面的 HEAD 部分。
- file 标签：在页面上生成一个上传文件元素。
- hidden 标签：生成一个不被看见的用户输入元素。
- select 标签：生成下拉列表框。
- optiontransferselect 标签：创建两个选项以及转移下拉列表项，该标签生成两个下拉列表框，同时生成相应的按钮，这些按钮可以控制选项在两个下拉列表之间移动、排序。
- radio 标签：生成单选框。
- optgroup 标签：生成一个下拉列表框的选择组，下拉列表框中可以包含多个选择组。
- token 标签：防止用户多次提交表单。
- textarea 标签：生成文本域。
- updownselect 标签：支持选项内容的上下移动。
- password 标签：生成密码表单域。
- textfield 标签：生成单行文本框。

4. 非表单标签

- actionerror 标签：输出 Action 中 getActionErrors()方法返回的异常信息。
- actionmessage 标签：输出 Action 中 getActionMessage()方法返回的信息。
- component 标签：生成一个自定义的组件。
- div 标签：AJAX 标签，生成一个 div 片段。
- fielderror 标签：输出异常提示信息。
- tabbedPanel 标签：AJAX 标签，生成 HTML 中的 Tab 页。
- tree 标签：生成一个树形结构。
- treenode 标签：生成树形结构的节点。

3.3.3　Struts 2 框架的国际化支持

国际化(Internationalization)是设计一个适用于多种语言和地区的应用程序的过程。国际化有时简称为 i18n，因为有 18 个字母在国际化的英文单词的字母 i 和 n 之间。一般说明一个地区的语言时，用"语言_地区"形式，如 zh_CN，zh_TW。

各国语言缩写参考网址：http://www.loc.gov/standards/iso639-2/php/code_list.php。

国家地区简写参考网址：http://www.iso.org/iso/en/prods-services/iso3166ma/02iso-3166-code-lists/list-en1.html。

1. Struts 2 的国际化概述

Struts 2 的国际化是建立在 Java 国际化的基础之上的，同样是通过提供不同国家/语言环境的消息资源，然后通过 ResourceBundle 加载指定 Locale 对应的资源文件，再取得该资源文件中指定 Key 对应的消息。Struts 框架对国际化进行了进一步的封装，使用户操作更为简单。在 Struts 2 中需要进行国际化的地方有以下 4 处：

(1) JSP 页面的国际化。
(2) Action 错误信息的国际化。
(3) 转换错误信息的国际化。
(4) 校验错误信息的国际化。

【说明】native2ascii.exe 是 Java 的一个文件转码工具，是将特殊各异的内容转为用指定的编码标准文体形式统一地表现出来，它通常位于 JDK_home\bin 目录下，安装好 Java JDK 后，可在命令行直接使用 native2ascii 命令进行转码。

Struts 2 中经常会使用 properties 类型的文件作为国际化资源文件的载体。在项目的 src 目录下新建两份类型为 File 的文件，名字分别为 msg_en_US.properties 和 msg_zh_CN.properties，分别代表美国英语和简体中文的国际化资源文件。

简体中文的国际化资源文件 msg_zh_CN.properties 的内容如下：

```
loginTitle = \u7528\u6237\u767B\u9646\u9875\u9762
loginName = \u7528\u6237\u540D
loginPassword = \u5BC6\u7801
loginSubmit =\u767B\u9646
```

美国英语的国际化资源文件 msg_en_US.properties 的内容如下：

```
loginTitle = user login page
loginName = username
loginPassword = password
loginSubmit = login
```

其中 msg_zh_CN.properties 文件的内容有些特殊，因为国际化资源文件中不能识别中文，所以需要对其中的中文使用 native2ascii 工具进行转换，或者使用 MyEclipse 10 自带的可视化界面继续编辑。图 3-11 所示是使用 MyEclipse 10 对简体中文国际化资源文件的编辑界面。

Struts 2 框架

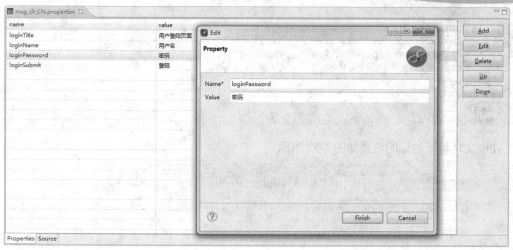

图 3-11　编辑简体中文国际化资源文件

2. Struts 2 加载资源文件的方式

(1) 全局资源文件

需要先在 struts.xml 文件中进行如下配置<constant name="struts.custom.i18n.resources" value="baseName"/>。以下是一个配置完成的 struts.xml 文件：

```xml
<?xml version="1.0" encoding="UTF-8" ?>
<!DOCTYPE struts PUBLIC
    "-//Apache Software Foundation//DTD Struts Configuration 2.0//EN"
    "http://struts.apache.org/dtds/struts-2.0.dtd">

<struts>
    <!-- 设置 Struts 对 Web 页面的解码方式 -->
    <constant name="struts.i18n.encoding" value="UTF-8"/>
    <constant name="struts.custom.i18n.resources" value="msg"/>
    <package name="myPackage"   extends="struts-default" >
        <!-- 定义登录的 action -->
        <action name="login" class="dps.action.UserAction">
            <result>loginSuccess.jsp</result>
            <result name="input">login.jsp</result>
        </action>
    </package>
</struts>
```

因为 Struts 2 的国际化和 Struts 2 的标签一般都是配合使用，所以此处新建了一个登录页面 login2.jsp，内容如下所示：

```jsp
<%@ page language="java" contentType="text/html; charset=UTF-8" pageEncoding="UTF-8"%>
<%@taglib prefix="s" uri="/struts-tags" %>
<!DOCTYPE html PUBLIC "-//W3C//DTD HTML 4.01 Transitional//EN" "http://www.w3.org/TR/html4/loose.dtd">
<html>
<head>
    <meta http-equiv="Content-Type" content="text/html; charset=UTF-8">
    <title><s:text name="loginTitle"/></title>
</head>
<body>
    <center>
```

```
        ${tip }
        <s:form action="login">
           <s:textfield name="username" key="loginName"/>
           <s:password name="password" key="loginPassword"/>
           <s:submit key="loginSubmit"/>
        </s:form>
     </center>
  </body>
</html>
```

在中文环境下运行的结果如图 3-12 所示。

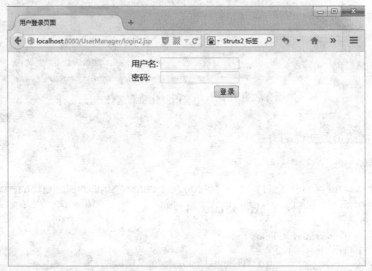

图 3-12　项目首页(中文环境)

在英文环境下则是显示英文的国际化资源文件的内容,如图 3-13 所示。

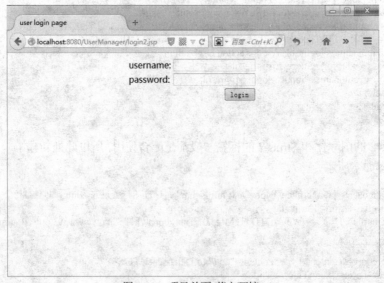

图 3-13　项目首页(英文环境)

通过国际化,极大地增强了软件的可扩展性。对于一般小型的项目来说,没有必要使用国际化。

(2) 包范围资源文件

为 Struts 2 指定包范围资源文件的方法是，在包的根路径下建立多个文件名为 package_language_country.properties 的文件，一旦建立了这个系列的国际化资源文件，应用中处于该包下的所有 Action 都可以访问该资源文件。需要注意的是，上面的包范围资源文件的 baseName 就是 package，不是 Action 所在的包名。完成后项目的结构如图 3-14 所示。

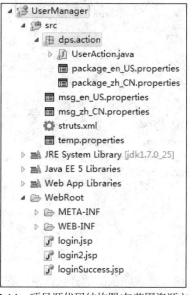

图 3-14　项目源代码结构图(包范围资源文件)

(3) Action 范围资源文件

在 Action 类文件所在的路径下建立多个文件名为 ActionName_language_country.properties 的文件，如图 3-15 所示。

图 3-15　项目源代码结构图(Action 范围资源文件)

(4) 临时指定资源文件

<s:i18n.../>标签的 name 属性指定临时的国际化资源文件，内容如下所示：

```jsp
<%@ page language="java" contentType="text/html; charset=UTF-8" pageEncoding="UTF-8"%>
<%@taglib prefix="s" uri="/struts-tags" %>
<!DOCTYPE html PUBLIC "-//W3C//DTD HTML 4.01 Transitional//EN" "http://www.w3.org/TR/html4/loose.dtd">
<html>
<head>
    <meta http-equiv="Content-Type" content="text/html; charset=UTF-8">
    <title><s:text name="loginTitle"/></title>
</head>
<body>
    <center>
        ${tip }
        <s:i18n name="temp">
            <s:form action="userLogin">
                <s:textfield name="username" key="loginName"/>
                <s:password name="password" key="loginPassword"/>
                <s:submit key="loginSubmit"/>
            </s:form>
        </s:i18n>
    </center>
</body>
</html>
```

以上4种国际化方式，优先级按照次序依次增强。包范围的国际化资源文件加载优先级高于全局的国际化资源文件，Action 范围的国际化资源文件又优先于包范围的国际化资源文件，如果使用了临时的国际化资源文件，则其优先级最高。

3.3.4 用户注册的实例

以下以一个用户注册过程为例，来练习 Struts 2 的常用标签。因为此处只是为了练习 Struts 2 的标签，所以只是展现页面，没有把用户的信息存储到数据库中。在第 4 章 Hibernate 中，会继续对该项目进行完善。

根据习惯操作，用户登录之前必须先注册，然后用注册成功的用户名和密码进行登录。以下是用户注册页面 regist.jsp 的代码：

```jsp
<%@ page language="java" contentType="text/html; charset=UTF-8" pageEncoding="UTF-8"%>
<%@taglib prefix="s" uri="/struts-tags" %>
<!DOCTYPE html PUBLIC "-//W3C//DTD HTML 4.01 Transitional//EN" "http://www.w3.org/TR/html4/loose.dtd">
<html>
<head>
    <meta http-equiv="Content-Type" content="text/html; charset=UTF-8">
    <title>用户注册页面</title>
</head>
<body>
```

```
    <br/>
    <center>
        <s:form action="userRegist" >
            <s:textfield name="username" label="用户名"/>
            <s:password name="password" label="密码"/>
            <s:password name="repassword" label="重复密码"/>
            <s:radio list="{'男','女'}" name="gender" value="'男'" />
            <s:textfield name="birthday" label="生日(格式如:1990-01-01)"/>
            <s:checkboxlist list="{'读书','游戏','看电影','旅游'}" name="hobby" label="爱好"/>
            <s:textarea rows="3" cols="15" name="address" label="家庭住址 "/>
            <s:submit value="注册"/>
        </s:form>
    </center>
</body>
</html>
```

其运行结果如图 3-16 所示。

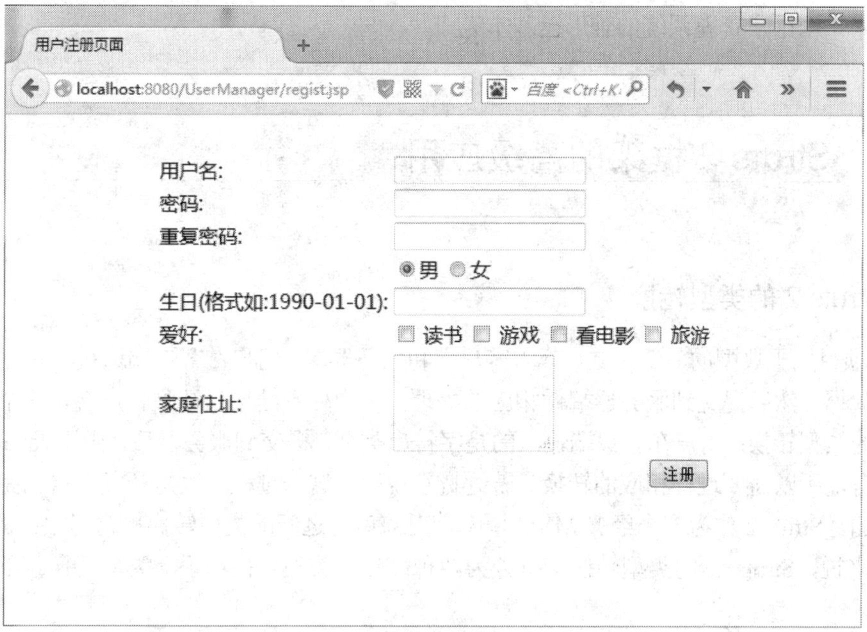

图 3-16 注册页面运行结果

注册页面的国际化和登录页面的操作类似，此处不再赘述。

本实例只是为了演示 Struts 2 标签的基本用法，一些校验及页面美观并没有完成，读者如果有兴趣，可以自行补充完整。从上述实例可以看出，Struts 2 标签用很少的代码即可完成复杂的 Web 页面，如果全部用 HTML 标记来写，代码量估计要多出很多。而且 Struts 2 标签已经完成了页面的初始化布局，有兴趣的读者可以查看上述 JSP 页面的后台源代码并加以对比验证。完善后的用户管理系统的登录页面如图 3-17 所示。

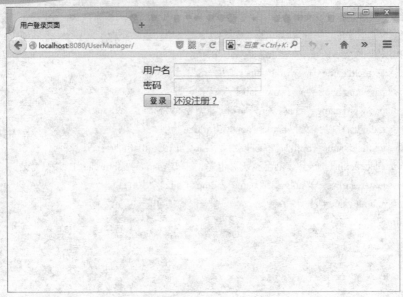

图 3-17　登录页面运行结果

至此，一个用户管理系统的雏形已基本完成。

3.4　Struts 2 框架的高级应用

3.4.1　Struts 2 的类型转换

Web 项目属于典型的 B/S 模式，分为客户端和服务器端。用户在客户端通过浏览器输入一些相应的数据，然后提交到服务器端做相应的处理，再把处理结果反馈到客户端，这个过程涉及一系列的类型转换：用户在客户端输入的是字符串类型，提交到服务器后，由于 Java 语言是强类型语言，所以需要进行相应的转换。若无特别说明，这个过程一般是开发者自己完成类型转换工作的。Struts 2 作为一个经典 MVC 框架，对前后台之间的类型转换提供了很好的支持。

总体来说，Struts 2 的类型转换支持分为两种：自动类型转换和手动类型转换。下面简单予以介绍。

1．自动类型转换

对 Java 已提供的基本类型，开发者无须关注前后台之间的类型转换，因为 Struts 2 可以自动完成这个转换过程。Struts 2 支持的自动类型转换如下。

- String 和 boolean 的相互转换：完成字符串与布尔值之间的转换。
- String 和 char 的相互转换：完成字符串与字符之间的转换。
- String 和 int、Integer 的相互转换：完成字符串与整型之间的转换。
- String 和 Long 的相互转换：完成字符串与长整型值之间的转换。
- String 和 double、Double 的相互转换：完成字符串与双精度浮点值之间的转换。

> String 和 Float 的相互转换：完成字符串和单精度浮点值之间的转换。
> String 和 Date 的相互转换：完成字符串和日期类型之间的转换。
> String 和数组的相互转换：在默认的情况下，数组元素是字符串，如果用户定义类型转换器，也可以是其他复合数据类型。
> String 和 Map、List 的相互转换。

关于自动类型转换的示例，可以参考 3.3.4 节的用户注册实例。如用户的生日属于基本类型，当前台客户端输入一个格式正确的日期类型提交后，Struts 2 后台可以自动把该字符串的生日转换为 Java 语言中的 Date 类型的变量；当用户需要在前台显示生日时，可以向服务器端发出请求，Struts 2 后台自动把该 Date 类型的日期转换为字符串的日期，在前台显示出来。

实际上 Struts 2 对日期自动转换的支持不是很令人满意，在前台显示时通常不是开发者所需要的格式。如果需要，对日期类型进行手动类型转换是很有必要的。

2. 手动类型转换

所谓手动类型转换，就是开发者自己通过编码来完成前后台之间数据类型的转换。Struts 2 对这个过程提供了很好的支持，具体来说，有两种手动类型转换的方法。

方法 1：通过继承 ognl.DefaultTypeConverter 类来实现自定义类型转换器

该类定义如下：

```
public class DefaultTypeConverter extends Object implements TypeConverter{
    public Object convertValue(Map<String,Object> context, Object value, Class toType)
    {  //方法体  }
    …//其他的方法
}
```

convertValue()方法的作用：该方法完成类型转换，不过这种类型转换是双向的。当需要把字符串转化为对象实例时通过该方法实现，当需要把对象实例转换成字符串时也可通过该方法实现。这种转换中 toType 参数类型是需要转换的目标类型，所以可以根据 toType 参数来判断转换方向。

convertValue()方法的参数和返回意义：

第一个参数：context 是类型转换环境的上下文。

第二个参数：value 是需要转换的参数，根据转换方向的不同，value 参数的值也是不一样的。

第三个参数：toType 是转换后的目标类型。

该方法的返回值是类型转换后的值，该值的类型也会随着转换方向的改变而改变。由此可见，转换的 convertValue()方法接受需要转换的值，需要转换的目标类型为参数，然后返回转换后的目标值。

参数 value 为什么是一个字符串数组？对于 DefaultTypeConverter 转换器而言，它必须考虑到最通用的情形，因此它把所有请求参数都视为字符串数组而不是字符串，相当于 getParameterValues() 获取的参数值。

以下以一个坐标输入为例来介绍该方法的用法：

(1) 自定义一个坐标类，类名为 MyPoint。其代码如下：

```java
public class MyPoint {
    private int x;
    private int y;
    public int getX() {
        return x;
    }
    public void setX(int x) {
        this.x = x;
    }
    public int getY() {
        return y;
    }
    public void setY(int y) {
        this.y = y;
    }
}
```

(2) 创建前台页面。建立一个 input.jsp 和一个 output.jsp 页面。

input.jsp 页面代码如下：

```jsp
<%@ page language="java" contentType="text/html; charset=UTF-8" pageEncoding="UTF-8"%>
<%@taglib prefix="s" uri="/struts-tags" %>
<!DOCTYPE html PUBLIC "-//W3C//DTD HTML 4.01 Transitional//EN" "http://www.w3.org/TR/html4/loose.dtd">
<html>
<head>
  <meta http-equiv="Content-Type" content="text/html; charset=UTF-8">
  <title>Insert title here</title>
</head>
<body>
  <center>
  <font color="red">坐标以逗号分隔</font>
  <s:form action="myConvert">
    <s:textfield label="坐标" name="myPoint"/>
    <s:textfield label="年龄" name="age"/>
    <s:textfield label="生日" name="birthday"/>
    <s:submit value="提交"/>
  </s:form>
  </center>
</body>
</html>
```

output.jsp 页面代码如下：

```jsp
<%@ page language="java" contentType="text/html; charset=UTF-8" pageEncoding="UTF-8"%>
<%@taglib prefix="s" uri="/struts-tags" %>
<!DOCTYPE html PUBLIC "-//W3C//DTD HTML 4.01 Transitional//EN" "http://www.w3.org/TR/html4/loose.dtd">
<html>
<head>
```

```html
        <meta http-equiv="Content-Type" content="text/html; charset=UTF-8">
        <title>Insert title here</title>
</head>
<body>
    <center>
    <h1>注册成功！<br>
    坐标：<s:property value="myPoint"/><br>
    用户名：<s:property value="age"/><br>
    生日：<s:property value="birthday"/><br>
    </h1>
    </center>
</body>
</html>
```

(3) 创建 Action 并进行配置。单击 input.jsp 页面的"提交"按钮，对应的 Action 代码如下：

```java
public class ConvertAction extends ActionSupport {
    private MyPoint myPoint;
    private int age;
    private Date birthday;
    public MyPoint getMyPoint() {
        return myPoint;
    }
    public void setMyPoint(MyPoint myPoint) {
        this.myPoint = myPoint;
    }
    public int getAge() {
        return age;
    }
    public void setAge(int age) {
        this.age = age;
    }
    public Date getBirthday() {
        return birthday;
    }
    public void setBirthday(Date birthday) {
        this.birthday = birthday;
    }
    @Override
    public String execute() throws Exception {
        // TODO Auto-generated method stub
        return SUCCESS;
    }
}
```

struts.xml 文件中的相应配置如下：

```xml
<!-- 测试自定义转换器的 action -->
<action name="myConvert" class="dps.action.ConvertAction">
    <result>output.jsp</result>
    <result name="input">input.jsp</result>
</action>
```

(4) 定义自定义类型转换器 MyPointConverter1，代码如下：

```java
public class MyPointConverter1 extends DefaultTypeConverter {
    @Override
    public Object convertValue(Map context, Object value, Class toType) {
        //TODO Auto-generated method stub
        //String-->MyPoint
        if(toType==MyPoint.class)
        {
            MyPoint returnPoint =new MyPoint();
            String[] params = (String[])value;
            String[] strArray = params[0].split(",");
            int x = Integer.parseInt(strArray[0]);
            int y = Integer.parseInt(strArray[1]);
            returnPoint.setX(x);
            returnPoint.setY(y);
            return returnPoint;
        }
        //MyPoint-->String
        if(toType==String.class)
        {
            String returnStr = "";
            MyPoint p = (MyPoint)value;
            returnStr = "("+p.getX()+","+p.getY()+")";
            return returnStr;
        }
        return null;
    }
}
```

(5) 最后，注册自定义类型转换器。实现了自定义类型转换器之后，必须将该类型转换器注册在 Web 应用中，Struts 2 框架才可以正常使用该类型转换器。

关于类型转换器的注册方式，主要有两种：

① 注册局部类型转换器：仅仅对某个 Action 的属性起作用。须提供如下格式的文件：
- 文件名：ActionName-conversion.properties。
- 内容：多个 propertyName(属性名)=类型转换器类(含包名)，如 date=com.aumy.DateConverter。
- 存放位置：和 ActionName 类相同路径。

② 注册全局类型转换器：对所有 Action 的特定类型的属性都会生效。须提供如下格式文件：
- 文件名：xwork-conversion.properties。
- 内容：多个"复合类型=对应类型转换器"项，如 java.util.Date=com.aumy.DateConverter。
- 存放位置：WEB-INF/classes 目录下。

必须要注意，局部类型转换器中配置的是 Action 的变量名，而全局类型转换器中配置的是 Action 中需要转换变量的类型。比如，此处使用局部类型转换方式，在 ConvertAction 的同路径下建立一个 ConvertAction-conversion.properties 文件，其内容如下：

```
myPoint=dps.convert.MyPointConverter1
```

图 3-18 和图 3-19 所示是测试页面,从中可以看出已经使用了后台定义的自定义类型转换器类。

图 3-18 自定义类型转换测试

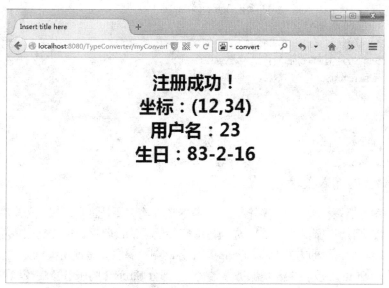

图 3-19 自定义类型转换测试结果

方法 2:在 **Struts 2** 中提供了 **StrutsTypeConverter** 类来简化自定义类型转换的设计
这个类有两个抽象方法需要实现:

(1) public Object convertFromString(Map context, String[] values, Class toClass);——用于 String 类型数据转成自定义类型。

参数说明:

context——与 Action 有关的上下文信息。

values——从请求中获取的参数值。

toClass——要转换的目标类型。

(2) public String convertToString(Map context, Object obj);——用于自定义类型转换成 String。

参数说明：

Context——与 Action 有关的上下文信息。

Obj——自定义类型对象。

如果用方法 2 定义自定义类型转换器，代码逻辑相同，但组织方法不同，内容如下：

```java
public class MyPointConverter2 extends StrutsTypeConverter {
    @Override
    public Object convertFromString(Map arg0, String[] value, Class arg2) {
        MyPoint returnPoint =new MyPoint();
        String[] strArray =value[0].split(",");
        int x = Integer.parseInt(strArray[0]);
        int y = Integer.parseInt(strArray[1]);
        returnPoint.setX(x);
        returnPoint.setY(y);
        return returnPoint;
    }
    @Override
    public String convertToString(Map arg0, Object value) {
        String returnStr = "";
        MyPoint p = (MyPoint)value;
        returnStr = "[x="+p.getX()+",y="+p.getY()+"]";
        return returnStr;
    }
}
```

其余操作方法和方法 1 相同，此处不再赘述。

3.4.2 Struts 2 的输入校验

校验分为服务器端校验和客户端校验。服务器端校验主要是进行逻辑校验，客户端校验主要是进行语法校验。用户输入的数据，先通过客户端的语法校验后，再传到服务器端进行逻辑校验。客户端校验最常用的方式是 javascript，服务器端校验主要是使用编程方式实现。

本节所讲的 Struts 2 校验主要是服务器端校验，部分 Struts 2 的服务器端校验可以转化为客户端 javascript 校验。

Struts 2 的输入校验有两种方法：

(1) 采用手工编写代码实现。

(2) 基于 XML 配置方式实现。

1．校验 Action 中的所有方法

这种方式需要在 Action 类中重写 validate()方法，validate()方法会校验 Action 中所有与 execute()方法签名相同的方法。当某个数据校验失败时，应该调用 addFieldError()方法往系统的 fieldErrors 添加校验失败信息(为了使用 addFieldError()方法，Action 可以继承 ActionSupport)，如果系统的

fieldErrors 包含失败信息，struts 2 会将请求转发到名为 input 的 result。在 input 视图中可以通过 <s:fielderror/> 显示失败信息。以下是一个用户信息更新页面的编码校验过程：

(1) JSP 页面，其代码如下：

```jsp
<body>
    <s:fielderror/>
    <form action="${pageContext.request.contextPath}/hello/test/user_update.action" method="post">
        用户名：<input type="text" name="username"/>不能为空<br/>
        手机号:<input type="text" name="phone"/>不能为空,并且要符合手机号的格式1,3,5,8,后面是9个数字<br/>
        <input type="submit" value="提交"/>
    </form>
</body>
```

(2) Action 类，其代码如下：

```java
public class Person extends ActionSupport{
    private String username;
    private String phone;
    //省略get()和set()方法
    //更新用户信息的Action方法
    public String update(){
        ActionContext.getContext().put("message", "更新成功");
        return "message";
    }
    //所有Action方法的校验方法
    @Override
    public void validate() {   //validate()方法会对Action中的所有方法进行校验
        if(username==null||"".equals(username.trim())){
            this.addFieldError("username", "用户名不能为空");
        }
        if(phone==null||"".equals(phone.trim())){
            this.addFieldError("phone", "手机号不能为空");
        }else{
            if(!Pattern.compile("^1[358]\\d{9}$").matcher(this.phone).matches()){
                this.addFieldError("phone", "手机号格式不正确");
            }
        }
    }
}
```

(3) struts.xml 文件配置，其代码如下：

```xml
<package name="hello" extends="struts-default" namespace="/hello/test">
    <action name="user_*" class="com.amaker.Person.Person" method="{1}">
        <result name="message">/WEB-INF/page/message.jsp</result>
        <result name="input">/index.jsp</result>
    </action>
</package>
```

(4) 在 message.jsp 页面中，可以使用${message}显示提示信息。

2. 校验 Action 中的某个方法

该类校验和上面的校验流程十分相似,唯一不同的是校验方法名字的不同。例如要对 update()方法校验,方法名是 validateUpdate(){…},注意方法名的首字母需要大写。校验代码内容和上面相同,只是方法名字稍微改变一下。

3. 配置 XML 文件校验

Struts 2 提供了通过 XML 配置文件方式对输入数据进行验证的校验框架。操作流程如下:在与 XXXAction 同级的目录下,建立 XXXAction-validation.xml,即为该 Action 的校验逻辑 XML 配置文件。该校验 XML 的 dtd 格式文件为:http://www.opensymphony.com/xwork/xwork-validator-1.0.2.dtd。

数据校验 XML 的根元素<validator>下面可以包含两种子元素:

① field:针对字段进行的校验。

② validator:非字段或全局范围的校验。

下面对两种校验方式的区别进行简单比较。

(1) 字段校验

以下是校验用户名和密码的一个 XML 文件:

```xml
<validators>
    <field name="username">
        <field-validator type="requiredstring">
            <message key="error.username.required"/>
        </field-validator>
    </field>
    <field name="password">
        <field-validator type="stringlength">
            <param name="trim">true</param>
            <param name="minLength">4</param>
            <param name="maxLength">10</param>
            <message>password should be ${minLength} to ${maxLength} characters long.</message>
        </field-validator>
    </field>
</validators>
```

XML 校验文件中,关于 message 的注意事项如下:

① 每个 field 都必须拥有一个 message。message 错误信息最后是以 addFieldError 实现的,也就是说是 field 一级的错误。

② message 中可以引用 param 变量,引用格式为${param1}。如上面的例子中对 password 验证失败的报错信息。

③ message 的内容可以放到全局 i18n 属性文件中,并在 message 中以 key 属性值指定。比如前面例子中对 username 验证失败的报错信息。

【说明】struts 2 校验框架预设的类在包 com.opensymphony.xwork2.validator.validators 中,同一目录下的 default.xml 中定义了 field-validator 中 type 的名称和对应的处理类。

default.xml 文件内容如下：

```xml
<!-- START SNIPPET: validators-default -->
<validators>
    <validator name="required" class="com.opensymphony.xwork2.validator.validators.RequiredFieldValidator"/>
    <validator name="requiredstring" class="com.opensymphony.xwork2.validator.validators.RequiredStringValidator"/>
    <validator name="int" class="com.opensymphony.xwork2.validator.validators.IntRangeFieldValidator"/>
    <validator name="double" class="com.opensymphony.xwork2.validator.validators.DoubleRangeFieldValidator"/>
    <validator name="date" class="com.opensymphony.xwork2.validator.validators.DateRangeFieldValidator"/>
    <validator name="expression" class="com.opensymphony.xwork2.validator.validators.ExpressionValidator"/>
    <validator name="fieldexpression" class="com.opensymphony.xwork2.validator.validators.FieldExpressionValidator"/>
    <validator name="email" class="com.opensymphony.xwork2.validator.validators.EmailValidator"/>
    <validator name="url" class="com.opensymphony.xwork2.validator.validators.URLValidator"/>
    <validator name="visitor" class="com.opensymphony.xwork2.validator.validators.VisitorFieldValidator"/>
    <validator name="conversion" class="com.opensymphony.xwork2.validator.validators.ConversionErrorFieldValidator"/>
    <validator name="stringlength" class="com.opensymphony.xwork2.validator.validators.StringLengthFieldValidator"/>
    <validator name="regex" class="com.opensymphony.xwork2.validator.validators.RegexFieldValidator"/>
</validators>
<!-- END SNIPPET: validators-default -->
```

代码中，name 是上面 type 需要引用的名字，而后面的 class 则是这些 validator 对应的类，这些类中大部分都是自解释的。其中 fieldexpression 比较特殊，它提供了一种多个 field 之间比较值的机制。param 中的 name 值在上述类中被定义为属性，例如说在类 com.opensymphony.xwork2.validator.validators.StringLengthFieldValidator(也就是 stringLength 对应的处理类)中，就定义了 boolean trim; int minLength, maxLength;及它们的 get()/set()方法。

(2) 非字段校验/全局校验

全局校验和字段校验类似，使用的验证器也相同。区别在于校验的方式和关注点不同：

① 字段校验先指定哪个字段要校验，再指定用哪些校验器来校验该字段。

② 全局校验不针对特定字段，先指定验证器，再来指定用该校验器校验哪些字段。

基本示例如下：

```xml
<validators>
    <validator type="requiredstring" short-circuit="true">
        <param name="fieldName">username</param>
        <param name="fieldName">password</param>
        <param name="fieldName">password_confirmed</param>
        <message key="error.field.required"/>
    </validator>
    <validator type="stringlength">
        <param name="trim">true</param>
        <param name="minLength">4</param>
        <param name="maxLength">10</param>
        <param name="fieldName">password</param>
        <param name="fieldName">password_confirmed</param>
        <message>password should be ${minLength} to ${maxLength} characters long.</message>
    </validator>
</validators>
```

示例很简单，第一个 validator 校验"不为空的字符串"，校验"用户名""密码""确认密码"字段，第二个 validator 校验"字符串长度 4-10"，校验"密码""确认密码"两个字段。很明显，如果页面中存在一些共性的验证要求，用这种方式就比针对字段的验证要方便得多。但这种方式可能不如前一种方式清晰易读。

最后，再简单介绍一下客户端校验。一般来说，客户端校验是不安全的，但 Struts 仍然提供了客户端的校验。方法是在<s:form>中设置 validate 属性为 true，如果该属性被设置，则 Struts 不会在服务器端验证，取而代之的是在客户端生成 Javascript 代码。但这些 Javascript 代码功能较弱，灵活度也比较低，且不会自动刷新。因此不推荐使用。

其实 Struts 的控件本身和一般的 HTML 控件一样，如果想做客户端验证，可以触发它们的 onXxx()事件，直接编写 Javascript 或 AJAX 代码进行校验，和通常的 HTML 页面做法一样。

一般来说，客户端校验不直接和服务器交互或交互较少，不会对服务器的访问造成负担，所以推荐语法校验在客户端完成，语义校验在服务器端完成，这样可以最大化地节省系统资源，提升系统的稳定性。

3.4.3 Struts 2 的文件上传与下载

1. 文件上传

Struts 2 对文件上传做了很好的封装，使文件上传不再那么恐怖。其文件上传主要依赖的是 org.apache.struts2.interceptor.FileUploadInterceptor 这个拦截器。为了能上传文件，必须将表单的 method 设置为 POST，将 enctype 设置为 multipart/form-data，让浏览器采用二进制流的方式处理表单数据。

Struts 2 并未提供自己的请求解析器，也就是说，Struts 2 不会自己去处理 multipart/form-data 的请求，它需要调用其他上传框架来解析二进制请求数据。但 Struts 2 在原有的上传解析器基础上做了进一步封装，更进一步简化了文件上传。

Struts 2 默认使用的是 Jakarta 的 Common-FileUpload 的文件上传框架，因此，如果需要使用 Struts 2 的文件上传功能，则需要在 Web 应用中增加两个 JAR 文件，即 commons-io-1.3.2.jar 和 commons-fileupload-1.2.1.jar，将 Struts 2 项目 lib 目录下的这两个文件复制到 Web 应用的 WEB-INf/lib 路径下即可。

下面将逐步介绍 Struts 2 框架上传文件的步骤。

(1) 编写前台 JSP 上传页面

JSP 页面命名为 upload.jsp，内容如下：

```
<%@ page language="java" contentType="text/html; charset=UTF-8" pageEncoding="UTF-8"%>
<!DOCTYPE html PUBLIC "-//W3C//DTD HTML 4.01 Transitional//EN" "http://www.w3.org/TR/html4/loose.dtd">
<html>
<head>
    <meta http-equiv="Content-Type" content="text/html; charset=UTF-8">
    <title>文件上传</title>
</head>
<body>
    <center>
```

```html
            <h1>Struts 2 文件上传</h1>
            <form action="upload.action" method="post" enctype="multipart/form-data">
                <table>
                    <tr>
                        <td>用户名:</td>
                        <td><input type="text" name="username" ></td>
                    </tr>
                    <tr>
                        <td>上传文件:</td>
                        <td><input type="file" name="myUpload"></td>
                    </tr>
                    <tr>
                        <td><input type="submit" value="上传"></td>
                        <td><input type="reset" value="重置"></td>
                    </tr>
                </table>
            </form>
        </center>
    </body>
</html>
```

(2) 编写后台的 Action 代码

后台处理文件上传的 Action 类名为 FileAction，内容如下：

```java
public class FileAction extends ActionSupport {
    private String username;
    private File myUpload;
    private String myUploadFileName;
    private String myUploadContentType;
    private String savePath;
    //接受 struts.xml 文件配置值的方法
    public void setSavePath(String value)
    {
        this.savePath = value;
    }
    //返回上传文件的保存位置
    public String getSavePath() throws Exception
    {
        String str = ServletActionContext.getServletContext().getRealPath(savePath);
        return str;
    }
    public String getUsername() {
        return username;
    }
    public void setUsername(String username) {
        this.username = username;
    }
    public File getMyUpload() {
        return myUpload;
    }
```

```java
        public void setMyUpload(File myUpload) {
            this.myUpload = myUpload;
        }
        public String getMyUploadFileName() {
            return myUploadFileName;
        }
        public void setMyUploadFileName(String myUploadFileName) {
            this.myUploadFileName = myUploadFileName;
        }
        public String getMyUploadContentType() {
            return myUploadContentType;
        }
        public void setMyUploadContentType(String myUploadContentType) {
            this.myUploadContentType = myUploadContentType;
        }
        //文件上传的 Action 方法
        public String upload() throws Exception {
            String strNewFileName = UUID.randomUUID().toString();
            String suffix = myUploadFileName.substring(myUploadFileName.lastIndexOf("."));
            strNewFileName += suffix;
            //以服务器的文件保存地址和原文件名建立上传文件输出流
            FileOutputStream fos = new FileOutputStream(getSavePath()+ "\\" + strNewFileName);
            myUploadFileName = strNewFileName;
            FileInputStream fis = new FileInputStream(getMyUpload());
            byte[] buffer = new byte[1024];
            int len = 0;
            while ((len = fis.read(buffer)) > 0)
            {
                fos.write(buffer , 0 , len);
            }
            fos.close();
            return SUCCESS;
        }
}
```

上面的 Action 包含 3 个属性：myUpload、myUploadFileName 和 myUploadContentType，这 3 个属性分别用于封装上传文件、上传文件的文件名、上传文件的文件类型。Action 类通过 File 类型属性直接封装了上传文件的文件内容，但这个 File 属性无法获取上传文件的文件名和文件类型，所以 Struts 2 直接将文件域中包含的上传文件名和文件类型的信息封装到 myUploadFileName 和 myUploadContentType 属性中。可以认为：如果表单中包含一个 name 属性为 xxx 的文件域，则对应 Action 需要使用 3 个属性来封装该文件域的信息。

① 类型为 File 的 xxx 属性封装了该文件域对应的文件内容。
② 类型为 String 的 xxxFileName 属性封装了该文件域对应的文件的文件名。
③ 类型为 String 的 xxxContentType 属性封装了该文件域对应的文件的文件类型。

通过上面的 3 个属性，可以更简单地实现文件上传，所以在文件上传的 Action 中，可以直接通过调用 getXxx()方法来获取上传文件的文件名、文件类型和文件内容。

Struts 2 框架

(3) 配置 Action

在 struts.xml 文件中配置上传文件的 Action，具体内容如下：

```
<action name="upload" class="dps.action.FileAction" method="upload">
    <param name="savePath">/uploadFiles</param>
    <result name="success">/uploadSucc.jsp</result>
</action>
```

上述配置文件中的 savePath 的值为"/uploadFiles"，从 Action 的代码可以看出，该值是用于存放上传文件的目录。所以，在程序运行之前，应该提前在 Tomcat 服务器上该项目的根目录下新建一个文件夹，命名为 uploadFiles。如果不这样设置，后面的上传文件可能会出错。

从配置文件可以看出，上传成功后跳转到 uploadSucc.jsp 页面。此处假设上传一张图片，在 uploadSucc.jsp 页面中把上传的图片显示出来。uploadSucc.jsp 页面的具体内容如下：

```
<%@ page language="java" contentType="text/html; charset=UTF-8" pageEncoding="UTF-8"%>
<%@taglib prefix="s" uri="/struts-tags"%>
<!DOCTYPE html PUBLIC "-//W3C//DTD HTML 4.01 Transitional//EN" "http://www.w3.org/TR/html4/loose.dtd">
<html>
<head>
    <meta http-equiv="Content-Type" content="text/html; charset=UTF-8">
    <title>上传成功</title>
</head>
<body>
    上传成功!<br/>
    用户名:<s:property value="username"/><br/>
    文件为： <img src="<s:property value="'uploadFiles/' + myUploadFileName"/>"/><br/>
</body>
</html>
```

(4) 进行测试

首先进入下载页面，如图 3-20 所示。

图 3-20　Struts 2 文件上传测试

然后选择一张图片上传，如图 3-21 所示。

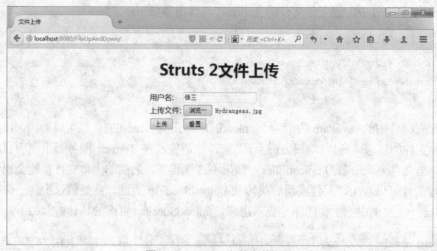

图 3-21　Struts 2 文件上传测试

最后单击"上传"按钮，则显示上传成功，如图 3-22 所示。

图 3-22　Struts 2 文件上传测试结果

【说明】Struts 2 框架默认的上传文件的上限为 2 097 152 字节，如果想上传更大的文件，可以在 struts.xml 文件中对该值重新设定，具体如下：

```
<constant name="struts.multipart.maxSize" value="500000000"></constant>
```

至此，文件上传完毕。虽然这个项目功能非常简单，但是包含了 Struts 2 框架文件上传的完整操作步骤。

2. 文件下载

虽然通过普通的超链接可以实现简单的文件下载功能，但是有种种弊端，比如不安全、文件名不支持中文等。使用 Struts 2 框架提供的下载功能，可以安全、高效地提供下载功能。

Struts 2 提供了 stream 结果类型，该结果类型就是专门用于支持文件下载功能的。指定 stream

结果类型时,需要指定一个 inputName 参数,该参数指定了一个输入流,这个输入流是被下载文件的入口。下面介绍一个完整的 Struts 2 框架的文件下载项目编写步骤。

(1) 准备好待下载文件

需要提前准备好让用户下载的文件。此处,在 Tomcat 服务器该项目的根目录中,建立一个名为 downloadFiles 的文件夹,在该目录下放入一个压缩包文件 abc.rar,具体如图 3-23 所示。

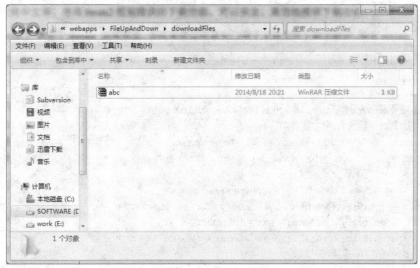

图 3-23 待下载文件列表

(2) 编写下载文件的 JSP 页面

代码如下:

```
<%@ page language="java" contentType="text/html; charset=UTF-8" pageEncoding="UTF-8"%>
<!DOCTYPE html PUBLIC "-//W3C//DTD HTML 4.01 Transitional//EN" "http://www.w3.org/TR/html4/loose.dtd">
<html>
<head>
    <meta http-equiv="Content-Type" content="text/html; charset=UTF-8">
    <title>文件下载</title>
</head>
<body>
    <ul>
        <li>
            下载压缩文件:<a href="download.action">下载压缩文件</a>
        </li>
    </ul>
</body>
</html>
```

(3) 编写文件下载 Action

代码如下:

```
public class FileDownloadAction extends ActionSupport
{
    private String inputPath;
```

```
    public void setInputPath(String value)
    {
        inputPath = value;
    }
    public InputStream getTargetFile() throws Exception
    {
        return ServletActionContext.getServletContext() .getResourceAsStream(inputPath);
    }
}
```

(4) 配置 Action

代码如下：

```xml
<action name="download" class="dps.action.FileDownloadAction">
    <!-- 定义被下载文件的物理资源 -->
    <param name="inputPath">\downloadFiles\abc.rar</param>
    <result name="success" type="stream">
        <!-- 指定下载文件的文件类型 -->
        <param name="contentType">application/rar</param>
        <!-- 指定由 getTargetFile()方法返回被下载文件的 InputStream -->
        <param name="inputName">targetFile</param>
        <param name="contentDisposition">filename="abc.rar"</param>
        <!-- 指定下载文件的缓冲大小 -->
        <param name="bufferSize">4096</param>
    </result>
</action>
```

(5) 测试

图 3-24 所示是下载成功的测试页面。至此，一个利用 Struts 框架提供的文件下载的项目就完成了。该处演示代码下载的是一个压缩文件，实际上可以是任意类型的文件，只需在 struts.xml 文件中进行适当的配置即可。

图 3-24 Struts 2 文件下载测试

3.4.4 Struts 2 的拦截器

1. 拦截器概述

对于任何 MVC 框架来说，它们都会完成一些通用的控制逻辑，例如解析请求参数，类型转换，将请求参数封装成 DTO(Data Transfer Object)，执行输入校验，解析文件上传表单中的文件域，防止表单的多次提交……像早期的 Struts 1 框架把这些动作都写在系统的核心控制器中，这样做的缺点有两个：

(1) 灵活性非常差。这种框架强制所有项目都必须使用该框架提供的全部功能，不管用户是否需要，核心控制器总是会完成这些操作。

(2) 可扩展性很差。如果用户需要让核心控制器完成更多自定义的处理，就比较困难。

Struts 2 改变了这种做法，它把大部分核心控制器需要完成的工作按功能分开定义，每个拦截器完成一个功能。而这些拦截器可以自由选择、灵活组合，开发者需要使用哪些拦截器，只需要在 struts.xml 文件中指定使用该拦截器即可。

Struts 2 框架的绝大部分功能都是通过拦截器来完成的，当 StrutsPrepareAndExecuteFilter 拦截到用户请求之后，大量拦截器将会对用户请求进行处理，然后才会调用用户开发的 Action 实例的方法来处理请求。

拦截器的工作原理如图 3-25 所示，每个 Action 请求都包装在一系列的拦截器的内部。拦截器可以在 Action 执行期间做相应的操作，也可以在 Action 执行后做操作。每个拦截器既可以将操作转交给下面的拦截器，也可以直接退出操作，结束整个流程。

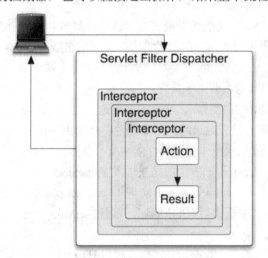

图 3-25　拦截器工作原理

可能有读者会提出疑问：前面介绍的很多示例似乎从未使用过任何拦截器，为什么项目能够运行呢？实际上，Struts 2 已经默认启用了大量通用功能的拦截器，只要配置文件中的 package 继承了 struts-default 包，这些拦截器就会起作用。

Struts 2 拦截器的原理实际是 Java 的动态代理。Java 的动态代理是在程序运行时，运用反射机制动态创建而成。有兴趣的读者可以了解 Java 的动态代理和反射机制。

Struts 2 拦截器分为系统内置拦截器(以下简称系统拦截器)和用户自定义拦截器两种，以下分别予以介绍。

2. 系统拦截器

从 Struts 2 框架来看，拦截器几乎完成了 Struts 2 框架 70%的工作，包括解析请求参数，将请求参数赋值给 Action 属性，执行数据校验，文件上传等。Struts 2 设计的灵巧性，更大程度地得益于拦截器设计，当需要扩展 Struts 2 功能时，只需提供对应拦截器，并将它配置在 Struts 2 容器中即可；如果不需要该功能，只需取消该拦截器的配置即可。

Struts 2 内建了大量的拦截器，这些拦截器以 name-class 对的形式配置在 struts-default.xml 文件中，其中 name 是拦截器的名字，就是以后使用该拦截器的唯一标识；class 则指定了该拦截器的实现类，如果定义的 package 继承了 Struts 2 的默认 struts-default 包，则可以自由使用下面定义的拦截器，否则必须自定义这些拦截器。

下面是 Struts 2 内建拦截器的简要介绍。

- alias：实现在不同请求中相似参数别名的转换。
- autowiring：这是个自动装配的拦截器，主要用于当 Struts 2 和 Spring 整合时，Struts 2 可以使用自动装配的方式来访问 Spring 容器中的 Bean。
- chain：构建一个 Action 链，使当前 Action 可以访问前一个 Action 的属性。
- conversionError：这是一个负责处理类型转换错误的拦截器，它负责将类型转换错误从 ActionContext 中取出，并转换成 Action 的 FieldError 错误。
- createSession：该拦截器负责创建一个 HttpSession 对象，主要用于那些需要有 HttpSession 对象才能正常工作的拦截器中。
- debugging：当使用 Struts 2 的开发模式时，这个拦截器会提供更多的调试信息。
- execAndWait：后台执行 Action，负责将等待画面发送给用户。
- exception：这个拦截器负责处理异常，它将异常映射为结果。
- fileUpload：这个拦截器主要用于文件上传，负责解析表单中文件域的内容。
- i18n：这是支持国际化的拦截器，它负责把所选的语言、区域放入用户 Session 中。
- logger：这是一个负责日志记录的拦截器，主要是输出 Action 的名字。
- model-driven：这是一个用于模型驱动的拦截器，当某个 Action 类实现了 ModelDriven 接口时，它负责把 getModel()方法的结果堆入 ValueStack 中。
- scoped-model-driven：如果一个 Action 实现了一个 ScopedModelDriven 接口，该拦截器负责从指定生存范围中找出指定的 Model，并通过 setModel()方法将该 Model 传给 Action 实例。
- params：这是最基本的一个拦截器，它负责解析 HTTP 请求中的参数，并将参数值设置成 Action 对应的属性值。
- prepare：如果 Action 实现了 Preparable 接口，将会调用该拦截器的 prepare()方法。
- static-params：这个拦截器负责将 XML 中\<action\>标签下\<param\>标签中的参数传入 action。
- scope：这是范围转换拦截器，它可以将 Action 状态信息保存到 HttpSession 范围，或者保存到 ServletContext 范围内。
- servlet-config：如果某个 Action 需要直接访问 ServletAPI，就是通过这个拦截器实现的。

- roles：这是一个 JAAS(Java Authentication and Authorization Service，Java 授权和认证服务)拦截器，只有当浏览者取得合适的授权后，才可以调用被该拦截器拦截的 Action。
- timer：这个拦截器负责输出 Action 的执行时间，它在分析该 Action 的性能瓶颈时比较有用。
- token：这个拦截器主要用于阻止重复提交，它检查传到 Action 中的 token，从而防止多次提交。
- token-session：这个拦截器的作用与前一个基本类似，只是它把 token 保存在 HttpSession 中。
- validation：通过执行在 xxxAction-validation.xml 中定义的校验器，从而完成数据校验。
- workflow：这个拦截器负责调用 Action 类中的 validate()方法，如果校验失败，则返回 input 的逻辑视图。

大多时候，开发者无须手动控制这些拦截器，因为 struts-default.xml 文件中(这个文件在 struts2-core-2.3.16.jar 的根目录下)已经配置了这些拦截器，只要定义的包继承了系统的 struts-default 包，就可以直接使用这些拦截器。在 Struts 2 的 struts-default.xml 文件中配置了项目加载时默认的拦截器，代码如下所示：

```xml
<default-interceptor-ref name="defaultStack"/>
    <!-- A complete stack with all the common interceptors in place. Generally, this stack should be the one you use,
         though it may do more than you need. Also, the ordering can be switched around (ex: if you wish to have your
         servlet- related objects applied before prepare() is called, you'd need to move servletConfig interceptor up.
         This stack also excludes from the normal validation and workflow the method names input, back, and cancel.
         These typically are associated with requests that should not be validated.
    -->
<interceptor-stack name="defaultStack">
<interceptor-ref name="exception"/>
<interceptor-ref name="alias"/>
<interceptor-ref name="servletConfig"/>
<interceptor-ref name="i18n"/>
<interceptor-ref name="prepare"/>
<interceptor-ref name="chain"/>
<interceptor-ref name="scopedModelDriven"/>
<interceptor-ref name="modelDriven"/>
<interceptor-ref name="fileUpload"/>
<interceptor-ref name="checkbox"/>
<interceptor-ref name="multiselect"/>
<interceptor-ref name="staticParams"/>
<interceptor-ref name="actionMappingParams"/>
<interceptor-ref name="params">
    <param name="excludeParams">^dojo\..*,^struts\..*,^session\..*,^request\..*,^application\..*,^servlet(Request|Response)\..*,^parameters\..*,^action:.*,^method:..*</param>
</interceptor-ref>
<interceptor-ref name="conversionError"/>
<interceptor-ref name="validation">
    <param name="excludeMethods">input,back,cancel,browse</param>
</interceptor-ref>
<interceptor-ref name="workflow">
<param name="excludeMethods">input,back,cancel,browse</param>
```

```
    </interceptor-ref>
    <interceptor-ref name="debugging"/>
    <interceptor-ref name="deprecation"/>
</interceptor-stack>
```

从上述代码可以看出，在 struts-default.xml 文件中，配置了系统默认的拦截器栈 defaultStack (拦截器栈就是一系列拦截器的组合)。在 defaultStack 拦截器栈中，又包含了很多的拦截器和拦截器栈。使用 Struts 2 框架开发项目时，默认会加载 defaultStack 拦截器栈，使一些功能能够自动完成。

3. 自定义拦截器

有一些系统逻辑相关的通用功能可以通过自定义拦截器来实现。如果用户要开发自己的拦截器类，应该实现 com.opensymphony.xwork2.interceptor.Interceptor 接口。在 Intercepter 接口中有以下 3 个方法需要实现：

```
void destroy();
void init();
String intercept(ActionInvocation invocation) throws Exception;
```

其中 init()和 destroy()方法只在拦截器加载和释放(都由 Struts 2 自身处理)时执行一次，而 intercept()方法在每次访问动作时都会被调用。Intercept()方法是拦截器的核心方法(该方法还是一个递归方法)，所有安装的拦截器都会调用这个方法。

另外，Struts 2 框架还提供了一个抽象类 AuthInterceptor。该类实现了 Interceptor 接口中的 init()方法和 destroy()方法。所以，自定义的拦截器类也可以直接集成该类。AuthInterceptor 类的定义如下：

```
//Provides default implementations of optional lifecycle methods
public abstract class AbstractInterceptor implements Interceptor {
    //Does nothing
    public void init() {
    }
    //Does nothing
    public void destroy() {
    }
    //Override to handle interception
    public abstract String intercept(ActionInvocation invocation) throws Exception;
}
```

以下将引导读者开发一个自定义的权限验证拦截器。

4. 自定义权限验证拦截器

该实例是在 3.3.4 节的用户注册实例的基础上修改而来的，所以关于注册和登录的过程此处不再赘述。在此实例中，假设用户登录以后才能执行查看机密信息的操作，具体完成步骤如下：

(1) 完善用户管理系统，添加查看机密信息的操作

首先在 WEB-INF 目录下新建一个 page 文件夹，存放登录成功后的页面和机密信息页面。

【说明】WEB-INF 是一个受系统保护的目录，该目录下的资源通过地址栏不能直接访问，实际项目中都会把一些重要资源放在该目录下。

修改用户登录成功后的页面为 success.jsp，其代码如下：

```jsp
<%@ page language="java" contentType="text/html; charset=UTF-8" pageEncoding="UTF-8"%>
<!DOCTYPE html PUBLIC "-//W3C//DTD HTML 4.01 Transitional//EN"
                    "http://www.w3.org/TR/html4/loose.dtd">
<html>
<head>
    <meta http-equiv="Content-Type" content="text/html; charset=UTF-8">
    <title>登录成功</title>
</head>
<body>
    <a href="secret.action">查看机密信息</a>
</body>
</html>
```

存放机密信息的页面为 secret.jsp，其代码如下：

```jsp
<%@ page language="java" contentType="text/html; charset=UTF-8" pageEncoding="UTF-8"%>
<!DOCTYPE html PUBLIC "-//W3C//DTD HTML 4.01 Transitional//EN"
                    "http://www.w3.org/TR/html4/loose.dtd">
<html>
<head>
    <meta http-equiv="Content-Type" content="text/html; charset=UTF-8">
    <title>机密信息页面</title>
</head>
<body>
    <h1>这是机密信息，一般人不让看的</h1>
</body>
</html>
```

(2) 修改登录动作的 Action 代码

因为在拦截器中需要通过判断 Session 中的值来判断用户是否已经成功登录，所以需要修改登录动作的 Action 代码，如下：

```java
//用户登录 Action
public String login() throws Exception {
//定义返回值变量
String strReturn = INPUT;
//业务逻辑判断
if(this.username.equals("abc")&&this.password.equals("123"))
{
    //把用户名存放到 session 中
    ActionContext.getContext().getSession().put("username",username);
    strReturn = SUCCESS;
}
else
    ActionContext.getContext().getSession().put("tip","登录失败");
return strReturn;
}
```

从上述代码可以看出，登录成功后，用户名将存放到 session 中。

(3) 自定义权限验证拦截器

自定义权限验证拦截器的代码如下：

```java
public class AuthInterceptor extends AbstractInterceptor {
    @Override
    public String intercept(ActionInvocation arg0) throws Exception {
        System.out.println("权限拦截器开始执行");
        Object obj = ActionContext.getContext().getSession().get("username");
        String strName = obj!=null?obj.toString():"";
        if(strName.equals("abc"))
        {
            String str = arg0.invoke();
            System.out.println("权限拦截器结束执行");
            return str;
        }
        else
        {
            ActionContext.getContext().getSession().put("tip","还没登录，不能查看机密信息");
            return "input";
        }
    }
}
```

从代码可以看出，权限拦截器主要是根据 session 中的 username 变量的值来判断用户是否已经成功登录的。如果用户没有登录，则直接返回 input，结束整个流程。从后面的 struts.xml 配置文件中可以看出，input 是跳转到登录页面。

(4) 配置拦截器

定义好权限拦截器后，就需要在 struts.xml 文件中对它进行配置，然后让需要该功能的 Action 进行引用。配置拦截器的代码如下：

```xml
<!--配置自定义的权限拦截器  -->
<interceptors>
    <interceptor name="authInter" class="dps.interceptor.AuthInterceptor"></interceptor>
</interceptors>
```

因为在执行 secret 这个 action 时，需要执行权限校验功能，所以需要如下配置：

```xml
<action name="secret" class="dps.action.UserAction" method="secret">
    <interceptor-ref name="authInter"/>
    <interceptor-ref name="defaultStack"/>
    <result name="success">WEB-INF/page/secret.jsp</result>
    <result name="input">/login.jsp</result>
</action>
```

可以看出，对 secret 这个 action 配置拦截器时，除了配置自定义的 authInter 拦截器外，还配置了系统默认的拦截器栈 defaultStack。这是因为，如果配置了自定义的拦截器，会把系统默认的拦截器栈覆盖掉，这时不能忘记配置默认拦截器栈 defaultStack，否则会感觉 Struts 2 框架运转不起来。

(5) 测试

如果在没有登录或者是登录失败的情况下，用户直接执行查看机密信息这个操作时，则会出现如图 3-26 所示的结果。

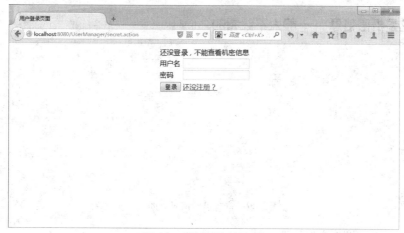

图 3-26　拦截器运行测试

控制台的输出信息如图 3-27 所示。

图 3-27　拦截器执行跟踪

从图 3-27 显示的信息可以看出，拦截器已经正常运行。

登录成功后，出现如图 3-28 所示的页面。

图 3-28　登录成功页面

此时单击"查看机密信息"超链接或是在地址栏执行 secret.action，则会出现如图 3-29 所示的结果。

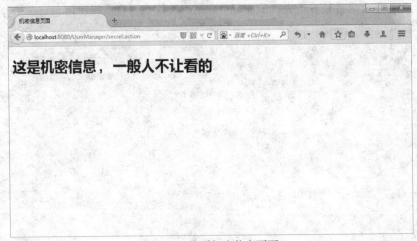

图 3-29　查看机密信息页面

控制台的信息如图 3-30 所示。

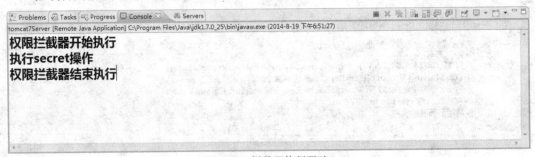

图 3-30　拦截器执行跟踪

上述测试说明自定义的权限拦截器已经生效。当然，这个拦截器的功能较为简单，有兴趣的读者可以对其进行完善，使其功能更为强大。

3.5　本章小结

Struts 2 框架是 SSH 框架中应用最为广泛的一个框架，其重要性不言而喻。
本章主要对 Struts 2 的基础知识和高级应用进行介绍，具体如下：
(1) 基础知识
① Struts 2 框架的下载与安装。
② Struts 2 框架的开发步骤。
③ Action 类的定义。
④ Struts 2 框架的配置文件。

⑤ Struts 2 的标签库。
⑥ Struts 2 的国际化。
(2) 高级应用
① Struts 2 框架的类型转换。
② Struts 2 框架的输入校验。
③ Struts 2 框架的文件上传与下载。
④ Struts 2 框架的拦截器。

在基础知识部分的结尾，一个用户注册的实例将所有该部分知识点串联了起来。

在高级应用部分，有一个用户自定义的权限拦截器的实例，读者要认真学习该实例。

另外，由于篇幅原因，本章只是 Struts 2 框架相关知识的入门篇，如果要深入学习该框架，需要参考更多资料，多阅读 Struts 2 框架的源代码也是一个不错的学习方法，当然，这需要在掌握一定基础的前提下才能进行。

3.6 习题

1. 单选题

(1) 通常 Struts 2 中的用户自定义 Action 类会继承(　　)类。
　　A. Action　　　　　　　　　　B. ActionSupport
　　C. SystemAction　　　　　　　D. SUCCESS

(2) 以下(　　)不能在 struts.xml 文件中进行配置。
　　A. Action　　　　　　　　　　B. 拦截器
　　C. 默认拦截器　　　　　　　　D. Servlet

(3) Struts 2 框架中默认的拦截器栈名是(　　)。
　　A. default　　　　　　　　　　B. defaultStack
　　C. SystemStatck　　　　　　　D. Stack

(4) 以下不属于 Action 接口中定义的字符串常量的是(　　)。
　　A. SUCCESS　　　　　　　　　B. ERROR
　　C. LOGIN　　　　　　　　　　D. FAILURE

2. 填空题

(1) I18n 的含义是(英文全称)_____。

(2) Struts 2 框架中用户自定义的拦截器类，一般要实现_____接口。

(3) Struts 2 注册全局类型转换器应该提供一个资源文件_____，该文件直接放在 Web 应用的 WEB-INF/classes 路径下即可。

3.7 实验

1. 使用 Struts 2 框架完成一个用户管理系统

【实验题目】

使用 Struts 2 框架完成一个用户管理系统,要求使用 Struts 2 的标签库。

【实验目的】

(1) 掌握 Struts 2 框架的基本配置。

(2) 熟悉 Struts 2 框架的运行原理。

(3) 熟悉 Struts 2 框架的标签库。

2. 完成一个日志记录拦截器

【实验题目】

使用 Struts 2 框架的自定义拦截器,完成一个日志记录拦截器。

【实验目的】

(1) 掌握自定义拦截器的基本用法。

(2) 熟悉拦截器的运行原理。

第 4 章

Hibernate 框架

4.1 Hibernate 框架概述

4.1.1 ORM 的概念

在了解 ORM 之前，先了解两个概念：

(1) 持久化：就是对数据和程序状态的保持。大多数情况下，特别是企业级开发应用时，数据持久化往往也意味着将内存中的数据保存到磁盘上加以固化，而持久化的实现过程则大多通过各种关系型数据库完成。

(2) 持久化层：把数据库实现当作一个独立逻辑，即数据库程序是在内存中的，为了使程序运行结束后状态得以保存，就要保存到数据库。持久化层是在系统逻辑层面上，专注于实现数据持久化的一个相对独立的领域。

ORM(Object Relation Mapping)即对象/关系映射。它是一种规范、模型、思想，代表了一种新的数据库编程模式，为开发者提供方便快捷的数据库编程模式。

ORM 框架的基本特征：完成面向对象的程序设计语言到关系型数据库的映射。其思想就是将关系数据库中的记录映射成为程序语言中的对象实例，以对象的形式展现，这样开发人员就可以把对数据库的操作转化为对这些对象的操作。因此，ORM 的目的是为了让开发人员以面向对象的思想来实现对数据库的操作。这样，既可利用面向对象程序设计语言的简单易用性，又可利用关系数据库的技术优势。

如果某一天，数据库全部发展成为面向对象型的数据库，那 ORM 就可以退出历史舞台了。但是短期之内，这种情况不会发生。

4.1.2 常用的 ORM 框架

ORM 只是一种概念性的框架，需要对其进行具体的实现才能被开发者使用。目前实现 ORM 的产品很多，下面列举一些常用的 ORM 框架。

1. Hibernate

Hibernate 是目前最流行的开源 ORM 框架，已经被选作 JBoss 的持久层解决方案。整个 Hibernate 项目也一并投入了 JBooss 的怀抱，而 JBoss 又加入了 RedHat 组织，所以现在 Hibernate 属于 RedHat 的一部分。Hibernate 灵巧的设计、优秀的性能，还有其丰富的文档都是其风靡全球的重要因素。

Hibernate 有以下优势：

(1) 开源免费的 License，方便需要时研究源代码，改写源代码，进行功能定制。
(2) 轻量级封装，避免引入过多复杂的问题，调试容易，减轻程序员的负担。
(3) 具有可扩展性，API 开放。功能不够用时，自己进行编码扩展。
(4) 开发者活跃，有稳定的发展保障。

2. Entity EJB

Entity EJB 实际上也是一种 ORM 技术，EJB 3.1 采取了低侵入式的设计，增加了 Annotation，也具有极大的吸引力，在较大项目开发中，使用很方便，目前很流行。

3. iBatis

iBatis 是 Apache 软件基金组织的子项目，也称为 SQL Mapping 框架。特别是一些对数据访问特别灵活的地方，iBatis 更加灵活，它允许开发人员直接编写 SQL 语句。

4. TopLink

TopLink 是 Oracle 公司的产品，在开发过程中可以自由地下载和使用，但是一旦作为商业产品被使用，则需要收取费用。

5. OBJ

OBJ 是 Apache 软件基金组织的子项目，是一个开源的、非常优秀的 O/R Mapping 框架。

4.1.3 JPA 的概念

JPA(Java Persistence API，Java 持久化 API)是 SUN 官方提出的 Java 持久化规范，Hibernate 就是依照它实现的。它为 Java 开发人员提供了一种对象/关系映射工具来管理 Java 应用中的关系数据库。并且它定义了对象—关系映射(ORM)以及实体对象持久化的标准接口。JPA 的主要 API 都定义在 javax.persistence 包中。JPA 是 EJB 3.0 规范的一部分，在 EJB 3.0 中规定实体对象(Entity Bean)由 JPA 进行支持。但 JPA 不局限于 EJB 3.0，而是作为 POJO 持久化的标准规范，可以脱离容器独立运行，开发和测试更加方便。

JPA 的总体思想和现有 Hibernate、TopLink 等 ORM 框架大体一致，其在应用中的位置如图 4-1 所示。

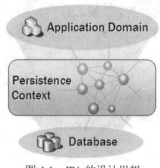

图 4-1　JPA 的设计思想

JPA 维护一个 Persistence Context(持久化上下文)，在持久化上下文中维护实体的生命周期，主要包含 3 个方面的内容：

(1) ORM 元数据。JPA 支持 annotion 或 xml 两种形式描述对象—关系映射。
(2) 实体操作 API。实现对实体对象的 CRUD 操作。
(3) 查询语言。约定了面向对象的查询语言 JPQL(Java Persistence Query Language)。

4.1.4　Hibernate 的下载和安装

1. 下载

Hibernate 的官网为 http://hibernate.org，如图 4-2 所示。

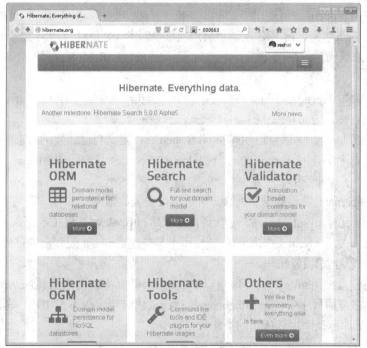

图 4-2　Hibernate 官网

在图 4-2 所示页面中选择 Hibernate ORM，进去后即可下载最新版本的 Hibernate(编写本书时，Hibernate 的最新版本为 4.3.6)。考虑到最新版本的不稳定性以及兼容问题，本书选择 hibernate 4.2.0 版本。选择下载 ZIP 格式压缩包 hibernate-release-4.2.0.Final.zip，解压后得到的文件夹主要目录及文件如下：

(1) documentation：Hibernate 的相关文档。

(2) lib：Hibernate 提供的一些 jar 包。

- Envers：支持 Envers 功能的 jar 包。
- jpa：支持 JPA 的 jar 包。
- optional：可选 jar 包。
- required：必需 jar 包。

(3) project：Hibernate 提供的一些示例性的小项目。

2. 安装

Hibernate 的安装非常简单，介绍如下：

(1) 复制 jar 包

将解压 lib 目录中 required 子目录下的所有 jar 包，全部复制到项目的 Web-INF/lib 目录。注意以下两点：

① 不要将这些 jar 包复制到%TOMCAT_HOME%/common/lib 目录下，那是 Tomcat 全局类库所在的目录，有可能引起包冲突。

② 检查一下 lib 目录中是否有重复包(不同版本)，如果有，则只保留一个最新版的包，否则很可能会引起类冲突。

(2) 创建 log4j.properties(可选)

Hibernate 用 log4j 包来做日志输出，这就要求项目中创建一个 log4j 的配置文件 log4j.properties，否则有些运行日志就无法看到(不会影响程序运行)。另外，IDE 控制台视图会输出如下两条警告信息：

log4j:WARN No appenders could be found for logger (org.apache.catalina.startup.TldConfig).
log4j:WARN Please initialize the log4j system properly.

如果读者熟悉 log4j，可以自己创建 log4j.properties，定义自己想要的日志配置。如果不熟悉 log4j，可以直接将解压目录 project/etc 下的 log4j.properties 复制到项目的 src 目录下。

(3) 数据库的下载和使用

由于使用 Hibernate 要与数据库关联，所以必须安装数据库。本书选择免费的、使用简单方便的、性能较稳定的 mysql 数据库。可以到官方网站 http://dev.MySQL.com/downloads 下载一个 mysql 数据库，关于 mysql 数据库的安装使用不再赘述，mysql 配置向导过程中需要为数据库 root 用户(超级管理员)设置密码。

为了更加方便地使用 mysql 数据库，可以安装 mysql 数据库的前端工具 Navicat for MySQL。值得注意的是，在应用程序中使用 Hibernate 执行持久化时一定少不了 JDBC 驱动，因此还需要将 MySQL 数据库驱动添加到应用的类加载路径中。

4.1.5 Hibernate 框架的结构图

Hibernate 是一个开源的轻量级对象—关系映射框架，本质上是一个提供数据库服务的中间件，其框架结构如图 4-3 所示。

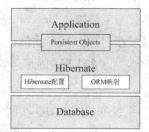

图 4-3　简要的 Hibernate 体系架构

Hibernate 需要一个(hibernate.properties 或 *.cfg.xml)文件，该文件用于配置 Hibernate 和数据库连接的信息。还需要一个(XML)映射文件，该映射文件确定持久化类和数据表、数据列之间的相对应关系。Hibernate 的配置文件有 hibernate.properties 和*.cfg.xml 两种形式。在实际应用中，采用 XML 配置文件的方式更加广泛，两种配置文件的实质是一样的。

Hibernate 的持久化解决方案将用户从原始的 JDBC 访问中释放出来，用户无须关注底层的 JDBC 操作，而是以面向对象的方式进行持久层操作。底层数据连接的获得、数据访问的实现、事务控制都无须用户关心，这是一种"全面解决"的体系结构方案，将应用层从底层的 JDBC/JTA API 中抽象出来。通过配置文件来管理底层的 JDBC 连接，让 Hibernate 解决持久化访问的实现。这种"全面解决"方案的体系结构如图 4-4 所示。

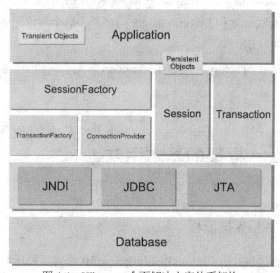

图 4-4　Hibernate 全面解决方案体系架构

Hibernate 全面解决方案体系架构的解释如下：

(1) SessionFactory：它是 Hibernate 的关键对象，它是单个数据库映射关系经过编译后的内存镜像，也是线程安全的，但却是一个重量级对象，不要轻易创建，否则影响性能。用它来创建 Session，本身要应用到 ConnectionProvider，该对象可以在进程和集群的级别上为那些事务之间可以重用的数据提供可选的二级缓存。

(2) Session：它是应用程序和持久存储层之间交互操作的一个单线程对象。它也是 Hibernate 持久化操作的关键对象，所有的持久化对象必须在 Session 的管理下才能进行持久化操作，并且封装了 JDBC 连接。它是一个轻量级对象，可多次创建，对性能影响不大，用它来创建 Transaction。Session 对象有一个一级缓存，在执行 Flush 之前，所有的持久化操作的数据都在缓存中 Session 对象处。

(3) 持久化对象(Persist Object)：系统创建的 POJO 实例一旦与特定 Session 关联，并对应数据表的指定记录，那该对象就处于持久化状态，这一系列的对象都被称为持久化对象。程序中对持久化对象的修改，都将自动转换为持久层的修改。持久化对象完全可以是普通的 Java Beans/POJO，唯一的特殊性是它们正与 Session 关联着。

(4) 瞬态对象(Transient Object)：系统通过 new 关键字进行创建的 Java 实例，没有 Session 相关联，此时处于瞬态。瞬态实例可能是在被应用程序实例化后，尚未进行持久化的对象。一个持久化过的实例，会因为 Session 的关闭而转换为脱管状态。

(5) 事务(Transaction)：代表一次原子操作，它具有数据库事务的概念。但它通过抽象，将应用程序从底层具体的 JDBC、JTA 和 CORBA 事务中隔离开。在某些情况下，一个 Session 之内可能包含多个 Transaction 对象。虽然事务操作是可选的，但是所有的持久化操作都应该在事务管理下进行，即使是只读操作。

(6) 连接提供者(ConnectionProvider)：它是生成 JDBC 连接的工厂，同时具备连接池的作用。它通过抽象将底层的 DataSource 和 DriverManager 隔离开。这个对象无须应用程序直接访问，仅在应用程序需要扩展时使用。

(7) 事务工厂(TransactionFactory)：生成 Transaction 对象实例的工厂。该对象也无须应用程序的直接访问。

4.2 Hibernate 框架的基本用法

4.2.1 使用 Hibernate 框架的流程

使用 IDE 可以提高开发效率，本书选用 MyEclipse 10 作为开发环境。另外，Hibernate 框架是一个操作数据库的框架，不需要运行在 Web 容器中，为了操作及代码的简洁性，本书后面的示例都是 Java Project 项目。在使用 Hibernate 框架之前，需要先做好以下前提工作：

(1) 安装 MyEclipse。

(2) 安装 MySQL 数据库(使用 Oracle、SqlServer 数据库均可，配置参数有些许差别，本文不作讨论)。

下面介绍在 MyEclipse 中使用 Hibernate 框架的步骤。

Hibernate 框架

1. 创建项目

打开 MyEclipse 软件，选择【File】→【New】命令，建立一个 Java Project 项目，弹出如图 4-5 所示的对话框。

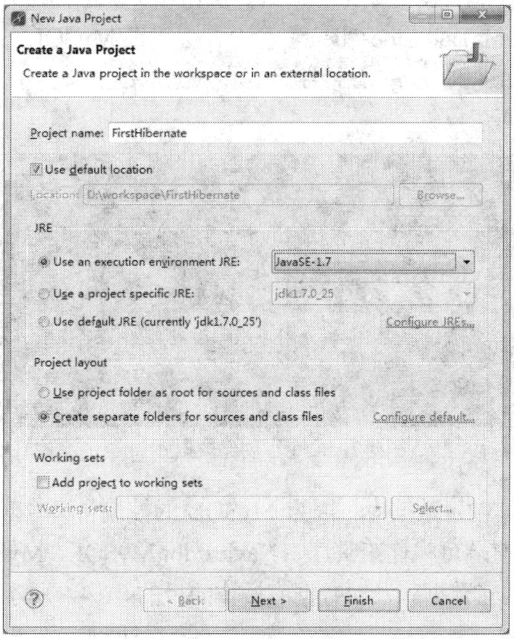

图 4-5 创建 Java 项目 1

可以选择默认设置，单击【Next】按钮，弹出如图 4-6 所示的界面。单击【Finish】按钮，即可完成该项目的创建。

图 4-6 创建 Java 项目 2

2. 创建数据库

Hibernate 框架一般不会自动生成数据库,所以开发者应该提前创建好数据库。对于 MySQL 数据库来说,创建数据库主要有两种方式:

(1) 通过 MySQL 的控制台创建数据库。具体操作如下:选择【开始】→【所有程序】→【MySQL】→【MySql Command Line Client】命令,会出现 MySQL 的命令行窗口;接着输入 MySQL 的密码,即可成功进入 MySQL 控制台。在 MySQL 控制台中,可以通过执行 SQL 语句创建数据库,如图 4-7 所示。

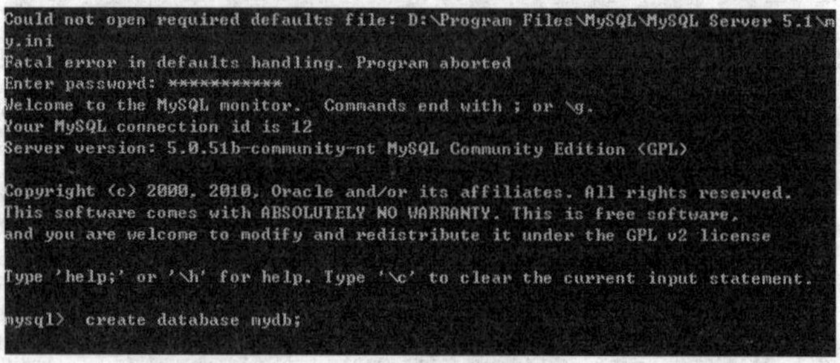

图 4-7 命令行创建数据库

(2) 通过一些前端工具创建数据库。因为 MySQL 的控制台命令对于一些初学者来说较为困难,所以就出现了不少前端可视化工具,如 Navicat for MySQL、MySQL Front 等。使用这些前端工具,可以达到快速创建数据库及对数据库操作的目的。图 4-8 所示是在 Navicat for MySQL 中创建数据库的示意图。

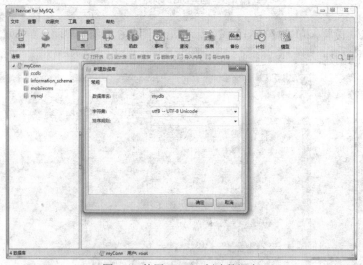

图 4-8 使用 Navicat 创建数据库

上述两种创建数据库的方式均可使用,最终的结果是创建了一个名为 mydb 的数据库。本章后面的内容将会使用到这个数据库。

3. 添加 Hibernate 支持

添加 Hibernate 支持就是给该项目添加 Hibernate 框架运行时需要的一些 jar 包。该步骤有两种方法可以完成，一是开发者自己添加，二是使用 MyEclipse 中集成的 Hibernate 支持类库。下面分别对这两种添加方式进行介绍。

(1) 手动添加

该方法需要用户在 MyEclipse 中手动创建一个用户类库。创建用户类库需要先选择 MyEclipse 中的【Windows】→【Preferences】命令，弹出如图 4-9 所示的对话框。

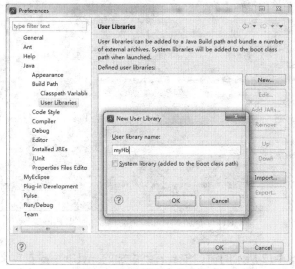

图 4-9　创建用户自定义类库

在图 4-9 中，创建了用户自定义类库 myHb，接着应该向该类库中添加 Hibernate 框架所需的类库。选中 myHb，然后单击右侧的【Add JARs】按钮，即可打开添加 jar 包的窗口，然后找到需要添加的 jar 包添加即可。Hibernate 框架所需的 jar 包分为两类：一类是支持 Hibernate 框架运行的 jar 包，另一类是数据库的驱动程序 jar 包(此处为 MySQL 的驱动程序 jar 包)，所以分为两部分导入，具体操作如图 4-10 和图 4-11 所示。

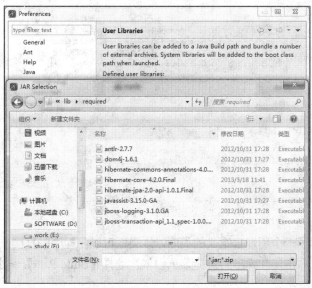

图 4-10　添加 Hibernate 框架必需 jar 包

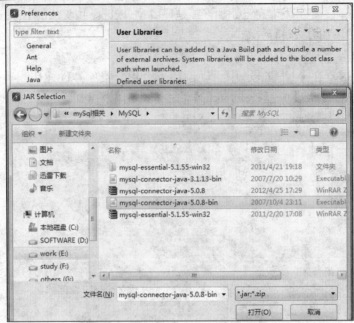

图 4-11　添加 MySQL 驱动程序 jar 包

添加成功后，在图 4-12 所示的窗口中会看到添加的 myHb 用户自定义类库。

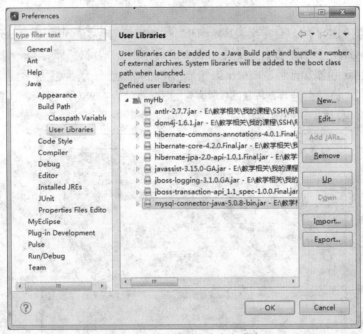

图 4-12　创建的用户自定义类库

至此，已经创建了一个用户自定义的类库，该类库可以在程序中直接被调用。调用的操作如下：在项目名称上右击，在弹出的快捷菜单中依次选择【Build Path】→【Add Libraries】命令，如图 4-13 所示。

Hibernate 框架

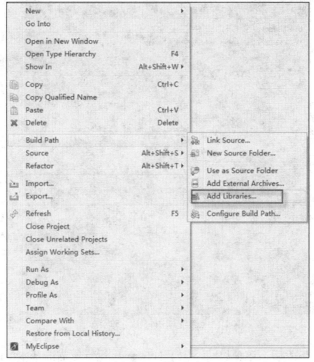

图 4-13 选择命令

然后弹出图 4-14 所示的对话框,选择 User Library 选项。

图 4-14 添加用户自定义类库 1

单击【Next】按钮,弹出图 4-15 所示的对话框,即可选中刚才添加的用户自定义类库。

图 4-15 添加用户自定义类库 2

经过上述一系列步骤后，该项目即添加了 Hibernate 运行所需的基本类库。

(2) 使用 MyEclipse 的集成类库

MyEclipse 中集成了某些版本的 Hibernate 类库，开发者可以根据需要，直接引用 MyEclipse 中集成的类库，操作方法如下。

在项目上右击，在弹出的快捷菜单中选择【MyEclipse】→【Add Hibernate Capabilities】命令，如图 4-16 所示。

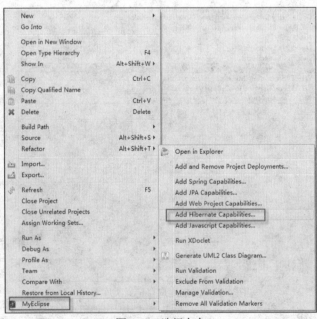

图 4-16 选择命令

如果使用 Hibernate 的基本功能，可以在弹出的图 4-17 所示的界面中直接使用默认配置，单击【Next】按钮。

图 4-17　添加 Hibernate 支持 1

接着，在弹出的图 4-18 所示的界面中会产生 Hibernate 的默认配置文件 Hibernate.cfg.xml 文件。此处选择【new】单选按钮，即新建该配置文件，并且放在 src 目录下，单击【Next】按钮。

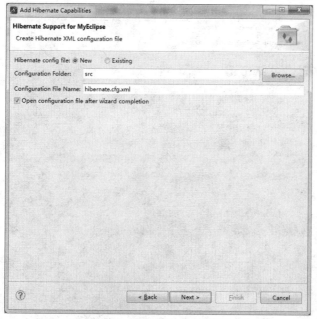

图 4-18　添加 Hibernate 支持 2

选择完配置文件后,接着要选择 Hibernate 将要操作的数据库,需要填写一系列参数,如 Connect URL、Driver Class、Username、Password 等,如图 4-19 所示。

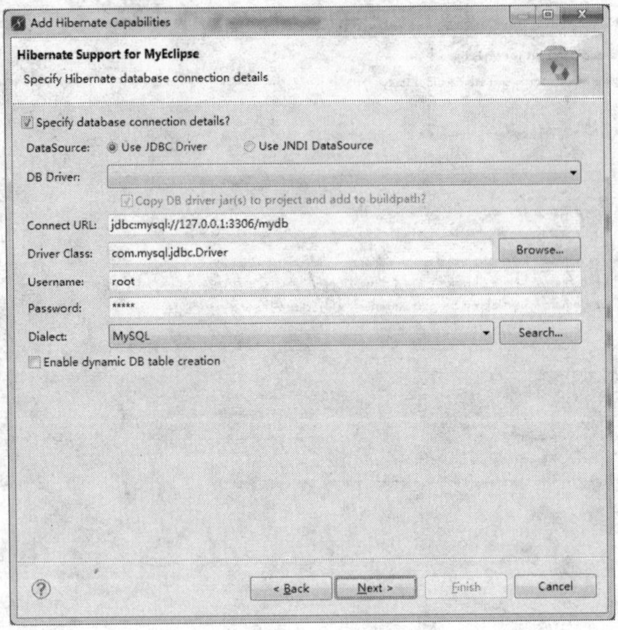

图 4-19 添加 Hibernate 支持 3

图 4-19 中的 Connect URL 中使用了前面创建的 mydb 数据库。使用 MyEclipse 集成的 Hibernate 支持添加方式,可以最大化地减少开发者的工作量,如可以自动生成 SessionFactory 类等。不足之处是 MyEclipse 中集成的 Hibernate 版本一般都较低,如果开发者想使用最新版本的 Hibernate,需要手动完成 jar 包的添加和配置。添加 HibernateSessionFactory 的界面如图 4-20 所示。

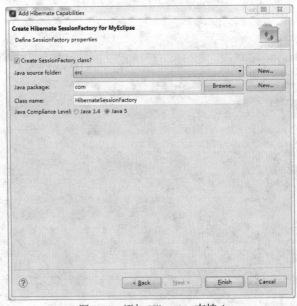

图 4-20 添加 Hibernate 支持 4

单击图 4-20 中的【Finish】按钮，即给该项目添加了完整的 Hibernate 支持。开发者可以不用再额外添加 jar 包，就可以使用 Hibernate 的基本功能。

4. 测试 Hibernate

经过上述步骤后，该项目已经具备了 Hibernate 框架使用的条件。下面简单测试一下 Hibernate 的基本功能。Hibernate 是一个 ORM 工具，它是把程序中的对象转换为数据库中记录的工具。所以，测试之前，开发者还应该定义好程序中的类。此处为简单起见，定义一个用户类，然后对学生类的对象进行数据库的各种操作测试。具体步骤如下：

(1) 定义持久化类

定义持久化类就是创建一个 POJO 类，代码如下：

```java
package dps.bean;
import java.util.Date;
public class User {
    private Integer id;
    private String name;
    private String password;
    private Integer age;
    private String gender;
    private Date birthday;
    //省略 get()和 set()方法
    @Override
    public int hashCode() {
        final int prime = 31;
        int result = 1;
        result = prime * result + this.id;
        return result;
    }
}
```

(2) 定义映射文件

映射文件就是建立 POJO 类和数据库表的详细对应关系，此处的代码如下：

```xml
<?xml version="1.0" encoding="UTF-8"?>
<!DOCTYPE hibernate-mapping PUBLIC "-//Hibernate/Hibernate Mapping DTD 3.0//EN"
    "http://hibernate.sourceforge.net/hibernate-mapping-3.0.dtd">
<hibernate-mapping package="dps.bean">
    <class name="User" table="t_user">
        <id name="id">
            <generator class="native"/>
        </id>
        <property name="name" lazy="true" column="name" length="50"/>
        <property name="password" column="password" length="50"/>
        <property name="age" />
        <property name="gender" column="gender" length="2"/>
        <property name="birthday" column="birthday" type="date"/>
    </class>
</hibernate-mapping>
```

(3) 配置 hibernate.cfg.xml 文件

一般来说，Hibernate 程序的数据库配置属性写在 hibernate.cfg.xml 文件中。该文件非常重要，其中配置了程序将要连接的数据库名称、用户名、密码等一系列属性。以下是本测试项目的 hibernate.cfg.xml 配置代码：

```xml
<!DOCTYPE hibernate-configuration PUBLIC "-//Hibernate/Hibernate Configuration DTD 3.0//EN"
    "http://www.hibernate.org/dtd/hibernate-configuration-3.0.dtd">
<hibernate-configuration>
    <session-factory>
      <property name="connection.username">root</property>
      <property name="connection.password">admin</property>
      <property name="connection.url">
            jdbc:mysql://127.0.0.1:3306/mydb
      </property>
      <property name="dialect">
            org.hibernate.dialect.MySQLDialect
      </property>
      <property name="connection.driver_class">
            com.mysql.jdbc.Driver
      </property>
      <property name="hbm2ddl.auto">update</property>
      <property name="show_sql">true</property>
      <property name="format_sql">true</property>
      <mapping resource="dps/bean/User.hbm.xml" />
    </session-factory>
</hibernate-configuration>
```

注意，上述文件的最后，需要把 user.hbm.xml 文件加载进来。

(4) 测试

写一个简单的测试程序来测试 Hibernate 的基本功能，代码如下：

```java
package dps.test;
import java.util.Date;
import org.hibernate.Session;
import org.hibernate.SessionFactory;
import org.hibernate.Transaction;
import org.hibernate.cfg.Configuration;
import dps.bean.User;
public class hibernateTest {
    //第一个 hibernate 程序
    public static void main(String[] args) {
        SessionFactory sf = null;
        Session session = null;
        Configuration cfg = new Configuration().configure();
        sf = cfg.buildSessionFactory();
        session = sf.openSession();
        Transaction tx = session.beginTransaction();
        User user = new User("张三","12345",20,"男",new Date());
        session.save(user);
```

```
        tx.commit();
        System.out.println("添加用户成功！");
    }
}
```

程序运行后会在控制台出现图 4-21 所示的信息，说明数据添加成功。

```
INFO: HHH000262: Table not found: t_user
九月 19, 2014 7:51:23 下午 org.hibernate.tool.hbm2ddl.SchemaUpdate execute
INFO: HHH000232: Schema update complete
Hibernate:
    insert
    into
        t_user
        (name, password, age, gender, birthday)
    values
        (?, ?, ?, ?, ?)
添加用户成功！
```

图 4-21　控制台信息

使用 Navicat 打开数据库 mydb，可以看到已经生成了 t_user 表，并且数据已经插入 t_user 表中，如图 4-22 所示。

id	name	password	age	gender	birthday
1	??	12345	20	?	2014-09-19

图 4-22　成功插入数据 1

从图 4-22 中可以看出，插入的汉字在数据库中显示为乱码(??)，这主要是因为 MySQL 数据库默认的编码方式是不支持中文字符的。为了让中文字符正常显示，需要修改 MySQL 的配置文件 my.ini，把其中的 default-character-set = latin1 改为 default-character-set = utf8，然后重启 MySQL 服务，即可让数据库支持中文字符。修改完成后，再次运行上述程序，t_user 表中的内容如图 4-23 所示。

id	name	password	age	gender	birthday
1	??	12345	20	?	2014-09-19
2	张三	12345	20	男	2014-09-20

图 4-23　成功插入数据 2

从图 4-23 可以看出，因为修改了数据库的编码，所以第二次插入的中文字符可以正常显示。至此，Hibernate 的完整配置和使用流程基本完成，整个项目的结构如图 4-24 所示。

图 4-24　程序结构图

从上述测试项目的搭建和配置中，可以看出使用 Hibernate 框架的基本步骤，在此总结如下：

① 编写 Hibernate 的配置文件 hibernate.cfg.xml：该文件负责初始化 Hibernate 的配置，包括数据库配置和映射文件的配置。

② 编写持久化类 XXX.java：持久化类和数据表通过映射文件形成一一对应关系。

③ 编写 Hibernate 的映射文件 XXX.hbm.xml：该文件描述了数据表的信息和对应的持久化类的信息。一个数据表对应一个映射文件。

④ 编写测试文件。

Hibernate 程序运行过程如图 4-25 所示。

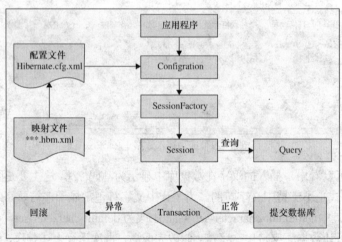

图 4-25　Hibernate 程序运行过程

4.2.2　Hibernate 框架的核心类

1. Configuration 类

Configuration 对象主要负责加载和管理 Hibernate 的配置信息，还可以加载 Hibernate 的映射文件信息。Hibernate 进行持久化操作离不开 SessionFactory 对象，而该对象通常由 Configuration 对象产生，由该对象的 buildSessionFactory()方法产生一个不可变的 SessionFactory 对象，并且每个 Hibernate 配置文件对应一个 Configuration 对象。例如：

```
//加载 Hibernate 的配置文件
//configure()方法不传参数时，默认加载 hibernate.cfg.xml 配置文件
Configuration cfg = new Configuration().configure();
```

2. SessionFactory 接口

通过 Configuration 的 buildSessionFactory()方法产生一个不可变的 SessionFactory 对象，SessionFactory 负责 Session 实例的创建。Congifuration 对象会根据当前的配置信息，生成 SessionFactory 对象。SessionFactory 对象一旦构造完毕，即被赋予特定的配置信息，即以后配置改变不会影响到创建的 SessionFactory 对象。如果要把以后的配置信息赋给 SessionFactory 对象，需要从新的 Configuration 对象重新生成 SessionFactory 对象。创建 SessionFactory 对象的过程如下：

```
Configuration cfg = new Configuration().configure();
SessionFactory sessionFactory = config.buildSessionFactory();
```

SessionFactory 是线程安全的，可以被多线程调用以取得 Session。要注意的是，构造 SessionFactory 很消耗资源，所以多数情况下一个应用中只初始化一个 SessionFactory。

3. Session 接口

Session 是应用程序与数据库之间的一个会话，是 Hibernate 运作的中心，持久层操作的基础，相当于 JDBC 中的 Connection。Session 对象是通过 SessionFactory 对象创建的：

```
Session session = sessionFactory.openSession();
```

一个持久化类与普通的 JavaBean 没有任何区别，但是它与 Session 关联后，就具有了持久化能力。当然，这种持久化操作是受 Session 控制的，即通过 Session 对象，可以实现持久化对象的装载、保存、创建或查询等操作。

Session 类主要的方法有：

(1) 取得持久化对象：get()和 load()等方法。其中，get()是立即加载，如果记录不存在就返回 null；而 load()方法是延迟加载，如果记录不存在则抛出异常。

(2) 持久化对象的保存、更新和删除：save()、update()、saveOrUpdate()和 delete()等方法。

(3) createQuery()方法：从 Session 对象生成一个 Query 对象。

(4) beginTransaction()方法：从 Session 对象生成一个 Transaction 对象。

(5) 管理 Session 的方法：isOpen()、flush()、clear()、evict()和 close()等方法。其中 isOpen()用来检查 Session 是否仍然打开；flush()用来清理 Session 缓存，并把缓存中的 SQL 语句发送出去；clear()用来清除 Session 中的所有缓存对象；evict()方法用来清除 Session 缓存中的某个对象；close()用来关闭 Session。

4. Query 接口

用来对持久化对象进行查询操作，可以从 Session 的 createQuery()方法生成。在 Hibernate 3.X 中不再使用 2.X 中的 find()方法，而是引入了 Query 接口，用来执行 HQL。

Query 接口方法主要有以下 3 个：

- setXxx()方法：用于设置 HQL 中问题或变量的值。
- list()方法：返回查询结果，并把结果转换成 List 对象。
- executeUpdate()方法：执行更新或删除名。

5. Transaction 接口

用来管理 Hibernate 事务，其主要方法有 commit()和 rollback()，可以从 Session 的 beginTransaction()方法生成。该接口允许应用程序定义工作单元，同时又可调用 JTA 或 JDBC 执行事务管理。一个 Session 实例可以与多个 Transaction 实例相关联，但是一个特定的 Session 实例在任何时候必须与至少 1 个未提交的 Transaction 实例相关联。

Transaction 接口常用方法如下：
- commit()：提交相关联的 Session 实例。
- rollback()：撤销事务操作。
- wasCommitted()：事务是否提交。

4.2.3 持久化类的概念

持久化就是把在内存中保存的临时对象保存到可永久保存的存储设备上，可以是数据库或是磁盘等。

持久化类(Persistent Class)：在程序中完成持久化功能的类。在本章节中指的是可以被 Hibernate 保存到数据库并且从数据库读取记录的类。

持久化对象(Persistent Object，PO)：持久化类的实例。

1. 持久化类的条件

Hibernate 采用低侵入式设计思想，它基本对持久化类不做任何要求，可以使用普通、传统的 Java 对象，只需满足以下要求即可：

(1) 提供一个无参数的构造器。所有持久化类都应该提供一个无参数的构造器，这个构造器可以不采用 public 访问控制符。为了方便 Hibernate 在运行时生成代理，构造器的访问控制符至少是包可见的。

(2) 提供一个标识属性。标识属性通常映射数据库表的主键字段。这个属性可以是任何的原始类型、原始类型的包装类型、java.lang.String 或者 java.util.Date。如果使用了数据库表的联合主键，甚至可以用一个用户自定义的类，该类拥有这些类型的属性。

(3) 为持久化类的每个属性提供 setter()和 getter()方法。

(4) 重写 equals()和 hashCode()方法。如果需要把持久化类的实例放入 Set 中(当需要进行关联映射时，推荐这么做)，则应该为持久化类重写 equals()和 hashCode()方法。equals()和 hashCode()方法是比较两个对象标识符的值。如果值相同，则两个对象对应于数据库的同一行，因此它们是相等的。

2. 持久化对象的状态

持久化对象状态有 3 种，在程序运行期间，持久化对象可能会迁移。图 4-26 所示是持久化对象状态的迁移图。

Hibernate 框架

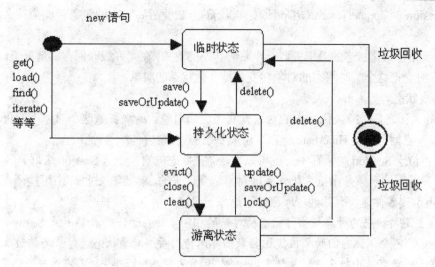

图 4-26　持久化对象的状态迁移图

(1) 临时状态

使用 new 操作符初始化的对象状态是瞬时的，也就是说没有任何跟数据库表相关联的行为，只要应用不再引用这些对象，它们的状态将会丢失，并由垃圾回收机制回收。

临时状态的对象具有以下特征：

① 不处于 Session 的缓存中，也可以说，不被任何一个 Session 实例关联。

② 在数据库中没有对应的记录。

在以下情况下，Java 对象进入临时状态：

① 通过 new 语句创建了一个 Java 对象，它处于临时状态，此时不和数据库中的任何记录对应。

② Session 的 delete()方法能使一个持久化状态的对象或游离状态的对象转变为临时状态的对象。对于游离状态的对象，delete()方法从数据库中删除与它对应的记录；对于持久化状态的对象，delete()方法从数据库中删除与它对应的记录，并且把它从 Session 的缓存中删除。

(2) 持久化状态

持久实例是任何具有数据库标识的实例。它由持久化管理器 Session 统一管理，持久实例是在事务中进行操作的(它们的状态在事务结束时同数据库进行同步)。当事务提交时，通过执行 SQL 的 INSERT、UPDATE 和 DELETE 语句把内存中的状态同步到数据库中。

持久化状态的对象具有以下特征：

① 位于一个 Session 实例的缓存中，也可以说，持久化状态的对象总是被一个 Session 实例关联。

② 持久化状态的对象和数据库中的相关记录对应。

③ Session 在清理缓存时，会根据持久化状态的对象的属性变化来同步更新数据库。

Session 的许多方法都能够触发 Java 对象进入持久化状态：

① Session 的 save()方法把临时状态的对象转变为持久化状态的对象。

② Session 的 load()或 get()方法返回的对象总是处于持久化状态。

③ Session 的 find()方法返回的 List 集合中存放的都是持久化状态的对象。

④ Session 的 update()、saveOrUpdate()和 lock()方法使游离状态的对象转变为持久化状态的对象。

⑤ 当一个持久化状态的对象关联一个临时状态的对象，在允许级联保存的情况下，Session 在清理缓存时会把这个临时状态的对象转变为持久化状态的对象。

(3) 游离状态

Session 关闭之后，持久化状态的对象就变为离线对象。离线表示这个对象不能再与数据库保持同步，它们不再受 Hibernate 管理。游离状态的对象具有以下特征：

① 不再位于 Session 的缓存中，也可以说，游离状态的对象不被 Session 关联。

② 游离状态的对象是由持久化状态的对象转变过来的，因此在数据库中可能还存在与它对应的记录(前提条件是没有其他程序删除了这条记录)。

【注意】游离状态的对象与临时状态的对象的相同之处在于，两者都不被 Session 关联，因此 Hibernate 不会保证它们的属性变化与数据库保持同步。游离状态的对象与临时状态的对象的区别在于：前者是由持久化对象转变过来的，因此可能在数据库中还存在对应的记录，而后者在数据库中没有对应的记录。

Session 的以下方法使持久化状态的对象转变为游离状态的对象：

① 当调用 Session 的 close()方法时，Session 的缓存被清空，缓存中所有持久化状态的对象都变为游离状态的对象。如果在应用程序中没有引用变量引用这些游离状态的对象，它们就会结束生命周期。

② Session 的 evict()方法能够从缓存中删除一个持久化状态的对象，使它变为游离状态。若 Session 的缓存中保存了大量的持久化状态的对象，就会消耗许多内存空间，为了提高性能，可以考虑调用 evict()方法，从缓存中删除一些持久化状态的对象。

4.2.4 Hibernate 框架的配置文件

Hibernate 的配置文件主要用来配置一些与数据库连接相关联的配置，还有加载相应的映射文件。Hibernate 的配置文件有两种：XML 格式的文件和 properties 属性文件。properties 类型的配置文件简明扼要，非常直观，但是对于复杂的属性不能配置，需要在代码中加载；XML 类型的配置文件功能强大，可以配置较为复杂的属性，实际项目中用的最多。在实际项目中，可以根据需求灵活选择配置的类型。下面分别提供 XML 格式和 properties 格式配置文件的典型范例。

1. XML 格式的配置文件

默认文件名为 hibernate.cfg.xml，典型配置代码如下：

```
<!--标准的 XML 文件的起始行,version='1.0'表明 XML 的版本,encoding=' UTF-8表明 XML 文件的编码方式-->
<?xml version='1.0' encoding="UTF-8"?>
<!-- 表明解析本 XML 文件的 DTD 文档位置，DTD 是 Document Type Definition 的缩写，即文档类型的定
    义，XML 解析器使用 DTD 文档检查 XML 文件的合法性。hibernate.sourceforge.net/hibernate-configuration-
    3.0dtd 可以在 Hibernate 3.1.3 软件包中的 src\org\hibernate 目录中找到此文件-->
<!DOCTYPE hibernate-configuration PUBLIC"-//Hibernate/Hibernate Configuration DTD 3.0//EN"
    "http://hiber nate.sourceforge.net/hibernate-configuration-3.0.dtd">
 <!--声明 Hibernate 配置文件的开始-->
 <hibernate-configuration>
```

```xml
<!--表明以下的配置是针对 session-factory 配置的,SessionFactory 是 Hibernate 中的一个类,这个类主要负
    责保存 Hibernate 的配置信息,以及对 Session 的操作-->
<session-factory>
<!--配置数据库的驱动程序,Hibernate 在连接数据库时,需要用到数据库的驱动程序-->
<property name="hibernate.connection.driver_class">com.mysql.jdbc.Driver </property>
<!--设置数据库的连接 url:jdbc:mysql://localhost/hibernate,其中 localhost 表示 MySQL 服务器名称,此处为
    本机,mydb 是数据库名-->
<property name="hibernate.connection.url">jdbc:mysqi://localhost/mydb </hibernate>
<!--连接数据库时用户名-->
<property name="hibernate.connection.username">root </property>
<!--连接数据库时密码-->
<property name="hibernate.connection.password">admin </property>
<!--数据库连接池的大小-->
<property name="hibernate.connection.pool.size">20 </property>
<!--是否在后台显示 Hibernate 用到的 SQL 语句,开发时设置为 true,便于查错,程序运行时可以在 Eclipse
    的控制台显示 Hibernate 的执行 SQL 语句。项目部署后可以设置为 false,提高运行效率-->
<property name="hibernate.show_sql">true </property>
<!-- jdbc.fetch_size 是指 Hibernate 每次从数据库中取出并放到 JDBC 的 Statement 中的记录条数。Fetch Size
    设得越大,读数据库的次数越少,速度越快;Fetch Size 设得越小,读数据库的次数越多,速度越慢-->
<property name="jdbc.fetch_size">50 </property>
<!--jdbc.batch_size 是指 Hibernate 批量插入、删除和更新时每次操作的记录数。Batch Size 越大,批量操
    作向数据库发送 sql 的次数越少,速度就越快,同样耗用内存就越大-->
<property name="jdbc.batch_size">23 </property>
<!--jdbc.use_scrollable_resultset 是否允许 Hibernate 用 JDBC 的可滚动的结果集。分页的结果集对分页时的
    设置非常有帮助-->
<property name="jdbc.use_scrollable_resultset">false </property>
<!--connection.useUnicode 连接数据库时是否使用 Unicode 编码-->
<property name="Connection.useUnicode">true </property>
<!--connection.characterEncoding 连接数据库时数据的传输字符集编码方式-->
<property name="connection.characterEncoding">UTF-8 </property>
<!--hibernate.dialect 只是 Hibernate 使用的数据库方言,就是要用 Hibernate 连接哪种类型的数据库服务器-->
<property name="hibernate.dialect">org.hibernate.dialect.MySQLDialect </property>
<!--指定映射文件为-->
<mapping resource="dps/bean/User.hbm.xml">
</session-factory>
</hibernate-configuration>
```

当然,以上的配置属性有点多,实际中可以根据需要选用。

2. properties 格式的配置文件

默认文件名为 hibernate.properties,典型配置代码如下:

```
## MySQL
hibernate.dialect org.hibernate.dialect.MySQLDialect
#hibernate.dialect org.hibernate.dialect.MySQLInnoDBDialect
#hibernate.dialect org.hibernate.dialect.MySQLMyISAMDialect
#hibernate.connection.driver_class org.gjt.mm.mysql.Driver
hibernate.connection.driver_class com.mysql.jdbc.Driver
#hibernate.connection.url jdbc:mysql://localhost:3306/mydb
hibernate.connection.username admin
```

hibernate.connection.password
其他属性…

在 properties 配置文件中,"#"号代表注释。

配置文件只是一种载体,不存在谁好谁坏的问题。根据目前的技术发展,建议开发者选择 XML 格式的配置文件。

4.2.5 Hibernate 框架的映射文件

Hibernate 的映射文件主要是设置持久化类的属性与数据库表的列的对应关系。映射文件的基本结构如下:

```
<hibernate-mapping>
    <class/>
    <class/>
    …
</hibernate-mapping>
```

<hibernate-mapping…/>根元素下可以有多个<class…/>子元素,每个<class…/>子元素对应着一个持久化类,它的常用属性如下:

(1) name:持久化类的全名。
(2) table:对应的数据库表名,默认值为类名。
(3) schema:数据库的 schema 名称。
(4) catalog:数据库的 catalog 名称。
(5) batch-size:设定批量操作记录的数目,默认值为 1。
(6) lazy:指定是否使用延迟加载。

<class…/>元素下面的子元素用于与持久化类的属性相映射,常用的子元素如下:

(1) id:映射持久化类中与数据库对应表主键相对应的标识字段。其常用属性如下:

① name:映射类中与主键相对应的属性名。
② type:主键属性的数据类型,该类型可以是 Hibernate 内建类型,也可以是 Java 类型。若映射文件没有指定该属性,Hibernate 会自动判断该属性的类型。
③ column:主键字段的名称,默认值为属性名称。也可作为 id 的子元素。
④ length:指定该属性映射数据列的字段长度。
⑤ generator:为持久化实例产生一个唯一标识。该元素的 class 属性指出所使用哪种方式标识持久化实例。常用的属性值如下:

- increment:用于为 long、short 或者 int 类型生成唯一标识。只有在没有其他进程往同一张表中插入数据时才能使用。在集群下不要使用。
- identity:对 DB2、MySQL、MS SQL Server、Sybase 和 HypersonicSQL 的内置标识字段提供支持。返回的标识符是 long、short 或者 int 类型的。
- sequence:在 DB2、PostgreSQL、Oracle、SAP DB、McKoi 中使用序列(sequence),而在 Interbase 中使用生成器(generator)。返回的标识符是 long、short 或者 int 类型的。

- hilo：使用一个高/低位算法生成的 long、short 或 int 类型的标识符，给定一个表和字段作为高位值的来源，默认的表是 hibernate_unique_key，默认的字段是 next_hi。它将 id 的产生源分成两部分，DB+内存，然后按照算法结合在一起产生 id 值，可以在很少的连接次数内产生多条记录，提高效率。
- native：会根据底层数据库的能力，从 identity、sequence、hilo 中选择一个，灵活性更强，但此时，如果选择 sequence 或者 hilo，则所有的表的主键都会从 Hibernate 默认的 sequence 或者 hilo 表中取。并且，有的数据库对于默认情况主键生成策略的支持，效率并不是很高。
- uuid：使用一个 128-bit 的 UUID 算法生成字符串类型的标识符，UUID 被编码成一个 32 位 16 进制数字的字符串。UUID 包含：IP 地址、JVM 启动时间、系统时间(精确到 1/4 秒)和一个计数器值(JVM 中唯一)。
- assigned：由应用程序负责生成主键标识符，往往使用在数据库中没有代理主键，使用的主键与业务相关的情况。
- 其他主键测试。

(2) property：定义一个持久化类的属性。property 元素下面几个可选的常用属性有 name、type、length 和 column，这些属性和 id 元素下的属性含义相同。

(3) many-to-one：定义对象间的多对一的关联关系。

(4) one-to-one：定义对象间的一对一的关联关系。

(5) component：定义组件映射。

(6) cache：定义缓存的策略。

(7) any：定义 any 映射类型。

(8) map：map 类型的集合映射。

(9) set：set 类型的集合映射。

(10) list：list 类型的集合映射。

(11) array：array 类型的集合映射。

(12) join：将一个类的属性映射到多张表中。

下面给出一个映射文件的实例：

```xml
<?xml version="1.0" encoding="UTF-8"?>
<!DOCTYPE hibernate-mapping PUBLIC
    "-//Hibernate/Hibernate Mapping DTD 3.0//EN"
    "http://hibernate.sourceforge.net/hibernate-mapping-3.0.dtd">
<hibernate-mapping package="dps.bean">
    <class name="User" table="t_user">
        <id name="id">
            <generator class="native"/>
        </id>
        <property name="name" lazy="true" column="name" length="50"/>
        <property name="password" column="password" length="50"/>
```

```xml
            <property name="age" />
            <property name="gender" column="gender" length="2"/>
            <property name="birthday" column="birthday" type="date"/>
    </class>
</hibernate-mapping>
```

4.2.6 使用 Hibernate 进行增删改查

本节在 4.2.1 节测试项目的基础上，介绍如何使用 Hibernate 框架对 User 对象进行数据库的增删改查操作。关于 Hibernate 框架的搭建等流程，请读者参考 4.2.1 节。从 4.2.1 节的代码可以看出，在执行数据库操作时，每次均要读取配置文件、创建 SessionFactory 对象、创建 Session 对象等操作，这次操作的步骤非常类似，所以可以考虑使用一个封装类完成这些操作。如果使用 MyEclipse 内置的 Hibernate 添加步骤，也会自动产生这个封装类。下面是这个封装类的代码：

```java
public class HibernateSessionFactory {
    private static String CONFIG_FILE_LOCATION = "/hibernate.cfg.xml";
    private static final ThreadLocal<Session> threadLocal = new ThreadLocal<Session>();
    private static Configuration configuration = new Configuration();
    private static org.hibernate.SessionFactory sessionFactory;
    private static String configFile = CONFIG_FILE_LOCATION;
    static {
        try {
            configuration.configure(configFile);
            sessionFactory = configuration.buildSessionFactory();
        } catch (Exception e) {
            System.err.println("%%%% Error Creating SessionFactory %%%%");
            e.printStackTrace();
        }
    }
    private HibernateSessionFactory() {
    }
    //Returns the ThreadLocal Session instance. Lazy initialize the <code>SessionFactory</code> if needed.
    //@return Session
    //@throws HibernateException
    public static Session getSession() throws HibernateException {
        Session session = (Session) threadLocal.get();
        if (session == null || !session.isOpen()) {
            if (sessionFactory == null) {
                rebuildSessionFactory();
            }
            session = (sessionFactory != null) ? sessionFactory.openSession(): null;
            threadLocal.set(session);
        }
        return session;
    }
    //Rebuild hibernate session factory
```

```java
    public static void rebuildSessionFactory() {
        try {
            configuration.configure(configFile);
            sessionFactory = configuration.buildSessionFactory();
        } catch (Exception e) {
            System.err.println("%%%% Error Creating SessionFactory %%%%");
            e.printStackTrace();
        }
    }
    //Close the single hibernate session instance.
    //@throws HibernateException
    public static void closeSession() throws HibernateException {
        Session session = (Session) threadLocal.get();
        threadLocal.set(null);

        if (session != null) {
            session.close();
        }
    }
    //return session factory
    public static org.hibernate.SessionFactory getSessionFactory() {
        return sessionFactory;
    }
    //return session factory
    //session factory will be rebuilded in the next call
    public static void setConfigFile(String configFile) {
        HibernateSessionFactory.configFile = configFile;
        sessionFactory = null;
    }
    //return hibernate configuration
    public static Configuration getConfiguration() {
        return configuration;
    }
}
```

为了示例程序的可读性，下述章节对于增删改查均定义了一个方法，在每个方法中均使用上述的封装类 HibernateSessionFactory 创建 Session 对象，执行时在 main() 方法中调用相应的方法。在介绍每种操作时，均按照代码、控制台显示信息、数据库中的结果这样的顺序来讲解。

1. 添加操作

添加操作主要是通过 Session 的 save() 方法完成，具体代码如下：

```java
//添加操作
public void addUser()
{
    Session session = HibernateSessionFactory.getSession();
    Transaction tx = session.beginTransaction();
    User user = new User("段鹏松","54321",30,"男",new Date());
    session.save(user);
```

```
        tx.commit();
        System.out.println("添加用户成功！");
        HibernateSessionFactory.closeSession();
}
```

控制台信息如图 4-27 所示，说明添加成功。

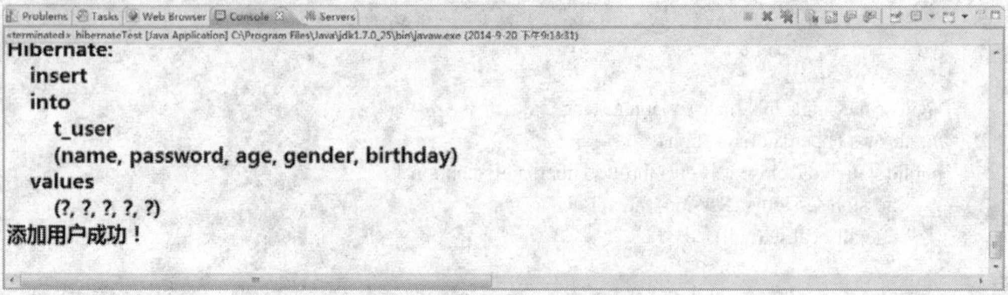

图 4-27　控制台中的添加信息

如图 4-28 所示，可以看出数据库中已经成功添加了一条记录。

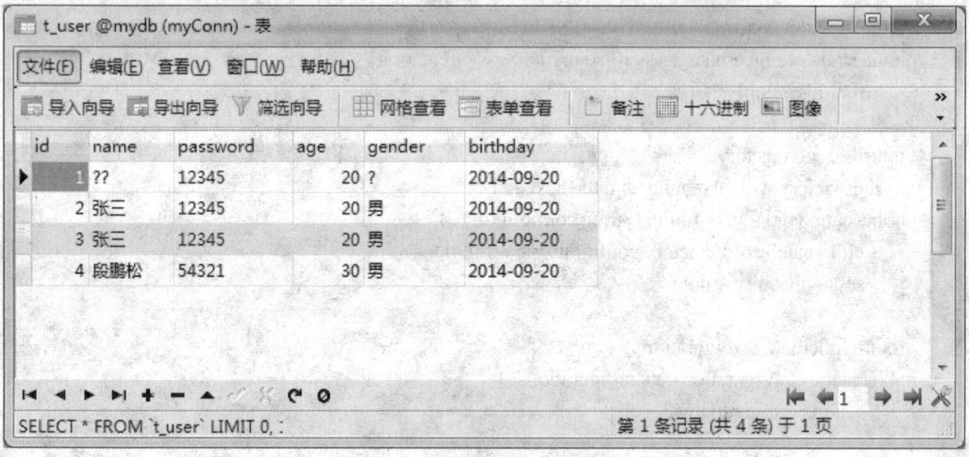

图 4-28　数据库中的信息

2. 查询操作

查询操作分为查询单个记录和多个记录。一般来说，根据 id 查询获取的是单个记录，条件查询获取到的是多个记录，下面分别讲述。

(1) 查询单个记录

主要是通过 Session 的 get()方法完成，具体代码如下：

```
//查询单个用户
public void queryOneUser()
{
    Session session = HibernateSessionFactory.getSession();
    //查询 id 为 4 的用户
    User user = (User) session.get(User.class, 4);
    System.out.println("用户名"+user.getName()+"，性别："+user.getGender()+"，年龄："+user.getAge()+"，
            生日："+user.getBirthday());
```

```
        session.save(user);
        HibernateSessionFactory.closeSession();
}
```

控制台信息如图 4-29 所示,说明查询成功。

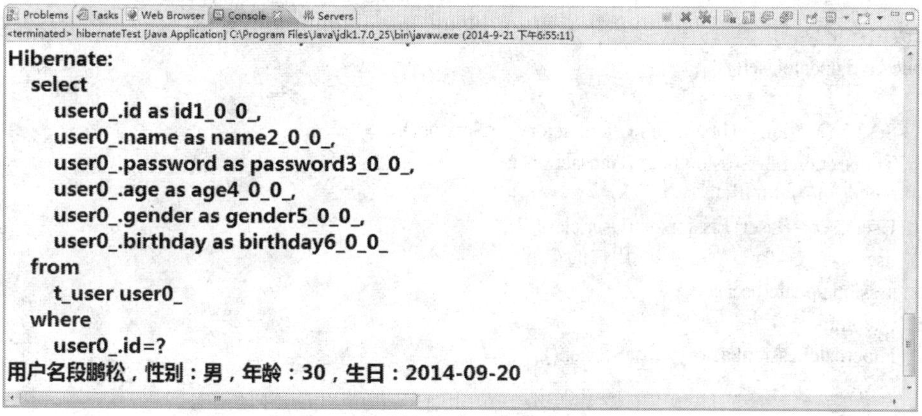

图 4-29 控制台中查询单个记录的信息

(2) 查询所有记录

主要是通过 Session 的 createQuery()方法完成,具体代码如下:

```
//查询所有用户
public void queryAllUser()
{
    Session session = HibernateSessionFactory.getSession();
    String hql = "from User";
    List<User> userList = session.createQuery(hql).list();
    for(User user: userList)
    {
    System.out.println("用户名"+user.getName()+",性别:"+user.getGender()+",年龄:"+user.getAge()+",
                生日:"+user.getBirthday());
    }
    HibernateSessionFactory.closeSession();
}
```

控制台信息如图 4-30 所示,说明查询成功。

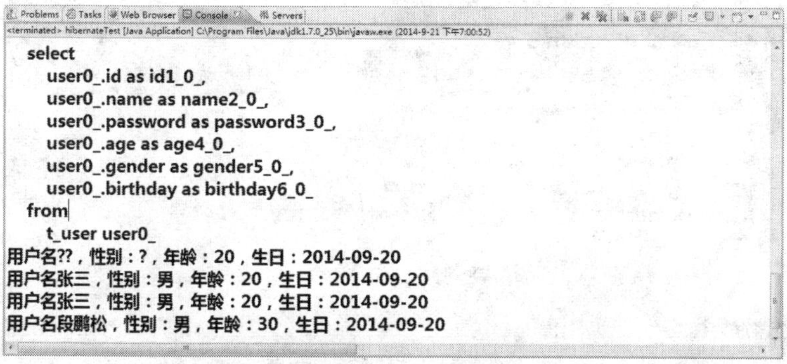

图 4-30 控制台中查询所有记录的信息

【注意】查询不对数据库进行写操作，所以不存在数据不一致的情况，可以不用事务控制。

3. 修改操作

修改操作主要是通过 Session 的 update()方法完成，具体代码如下：

```java
//修改用户信息
public void updateUser()
{
    Session session = HibernateSessionFactory.getSession();
    Transaction tx = session.beginTransaction();
    //查询 id 为 4 的用户
    User user = (User) session.get(User.class, 4);
    user.setAge(40);          //修改用户的年龄
    session.update(user);
    tx.commit();
    HibernateSessionFactory.closeSession();
}
```

控制台信息如图 4-31 所示，说明修改成功。

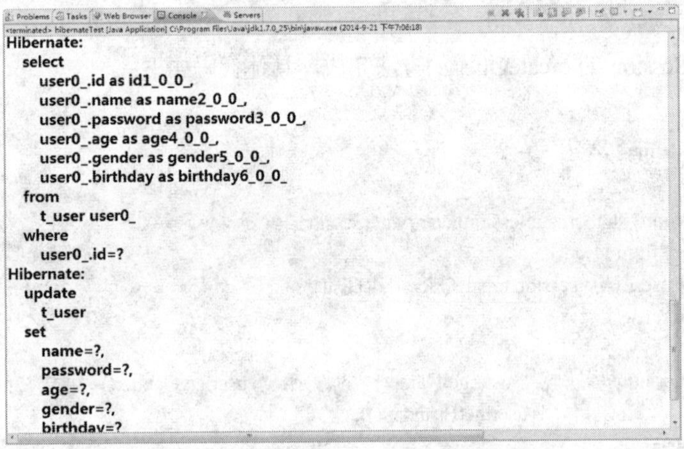

图 4-31 控制台中修改操作的信息

如图 4-32 所示，可以看出数据库中 id 为 4 的记录已经修改成功。

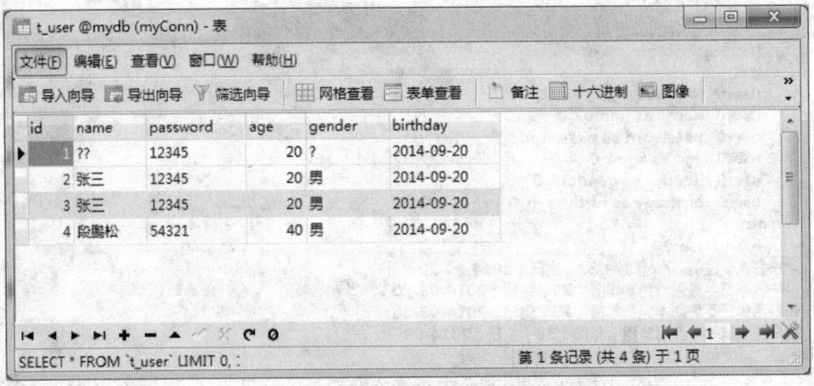

图 4-32 数据库中的修改信息

4. 删除操作

删除操作主要是通过 Session 的 delete()方法完成，具体代码如下：

```
//删除用户信息
public void deleteUser()
{
    Session session = HibernateSessionFactory.getSession();
    Transaction tx = session.beginTransaction();
    //查询 id 为 4 的用户
    User user = (User) session.get(User.class, 4);
    session.delete(user);    //删除用户
    tx.commit();
    HibernateSessionFactory.closeSession();
}
```

控制台信息如图 4-33 所示，说明删除成功。

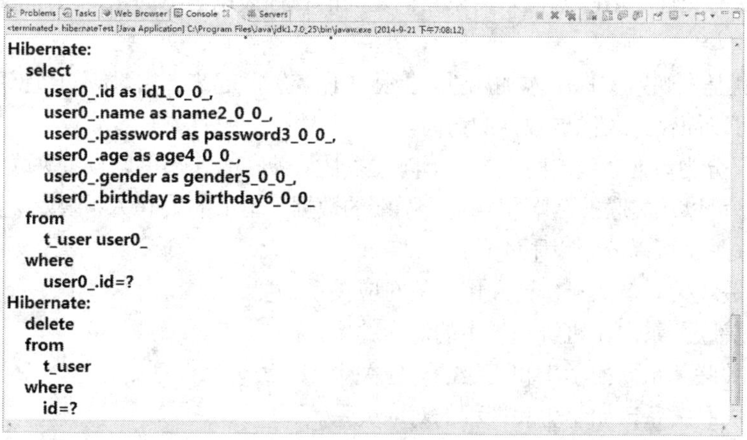

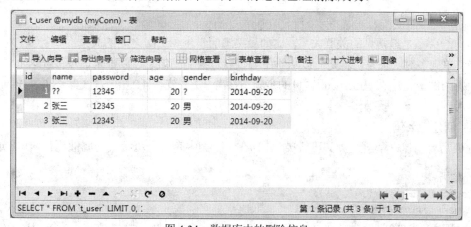

图 4-33　控制台中删除操作的信息

如图 4-34 所示，可以看出数据库中 id 为 4 的记录已经删除成功。

图 4-34　数据库中的删除信息

上述介绍的增删改查操作都属于非常简单的操作，但可以看出，通过使用 Hibernate 框架，对数据库的操作完全变成了面向对象的操作，使得数据库操作编程非常简单和直观，这也正是 ORM 框架的作用。实际情况可能千变万化，开发者需要通过实际项目的锻炼和总结，才能真正掌握 Hibernate 对持久化对象的相关操作。

4.3 Hibernate 框架的高级应用

4.3.1 Hibernate 框架的关联映射

实际应用中，表与表之间可能存在关联。这些关联反应在数据库中就是外键。在 Hibernate 中，如果想让持久化类与底层数据库的多个表相互映射，并表现出持久化类或者表之间的各种关系，需要在映射文件中增添属性来约束它们之间的各种关系。下面来学习 Hibernate 框架的关联映射。

关联映射就是在映射文件中添加属性，把持久化类关联起来，相对应的数据库表也就关联起来了，这样可以简化持久化层数据的访问。

关联关系又分为单向、双向两大类。单向关系是从关联的一端可以查看关联的另一端的数据，双向关系是可以从关联的两端相互查看两端的数据。本节的关联关系映射，都是单向关联映射。单向关联关系可以分为以下 4 种：

> 一对一关联关系，如身份证和用户的对应关系。
> 一对多关联关系，如班级和学生的对应关系。
> 多对一关联关系，如学生和班级的对应关系。
> 多对多关联关系，如学生和课程的对应关系。

为了使读者能更快理解和区分各种关联映射及示例程序的连贯性，本节均以学生和班级为例来介绍 Hibernate 的各种关联映射。

1. 多对一映射

多对一关系是最常见的关联关系，比如最熟悉的学生和班级之间的关系：多个学生对应一个班级。单向多对一关系，就是可以从学生端查看班级端的信息。以下来逐步讲解这个多对一关联映射的例子。建立 Hibernate 项目的步骤请参考 4.2.1 节和 4.2.6 节，在此不再赘述。创建完项目后，按以下步骤操作。

(1) 创建持久化类

此处需要创建一个学生类和班级类，并且在学生类中有一个班级类的属性。具体代码如下：

```
//学生类
public class Student {
    private Integer sid;
    private String snum;
    private String sname;
    private Integer sage;
```

```
    private Date sbirthday;
    MyClass myClass;        //学生所属的班级，1 端
    //省略所有属性的 get()和 set()方法…
}
//班级类
public class MyClass {
    private Integer cid;
    private String cname;
    //省略所有属性的 get()和 set()方法…
}
```

(2) 创建持久化类的配置文件

只有上述的两个持久化类并不能完成关联映射，还需要相应的配置文件。具体如下：

```
<?xml version="1.0" encoding="UTF-8"?>
<!DOCTYPE hibernate-mapping PUBLIC
    "-//Hibernate/Hibernate Mapping DTD 3.0//EN"
    "http://www.hibernate.org/dtd/hibernate-mapping-3.0.dtd">
<!--学生类的映射文件-->
<hibernate-mapping    package="dps.bean">
    <class name="Student"    table="t_student">
        <id name="sid">
            <generator class="native"/>
        </id>
        <property name="snum" column="num" length="20" unique="true"/>
        <property name="sname" column="name" length="20"/>
        <property name="sage"    column="age"/>
        <property name="sbirthday" column="birthday"    type="date"/>
        <many-to-one name="myClass" column="c_id" cascade="all"/>
    </class>
</hibernate-mapping>
<?xml version="1.0" encoding="UTF-8"?>
<!DOCTYPE hibernate-mapping PUBLIC
    "-//Hibernate/Hibernate Mapping DTD 3.0//EN"
    "http://www.hibernate.org/dtd/hibernate-mapping-3.0.dtd">
<!--班级类的映射文件-->
<hibernate-mapping    package="dps.bean">
    <class name="MyClass"    table="t_myclass">
        <id name="cid">
            <generator class="native"/>
        </id>
        <property name="cname" column="name" length="50"/>
    </class>
</hibernate-mapping>
```

(3) 在 Hibernate.cfg.xml 文件中添加持久化类的配置文件

接着需要把这两个映射文件添加到 Hibernate.cfg.xml 文件中，代码如下：

```xml
<mapping resource="dps/bean/MyClass.hbm.xml" />
<mapping resource="dps/bean/Student.hbm.xml" />
```

(4) 测试

写一个测试程序，代码如下：

```java
//多对一操作
public void OpManyToOne()
{
    Session session = HibernateSessionFactory.getSession();
    Transaction tx = session.beginTransaction();
    Student s1 = new Student("2014123001", "学生 1", 20, new Date());
    Student s2 = new Student("2014123002", "学生 2", 19, new Date());
    Student s3 = new Student("2014123003", "学生 3", 21, new Date());
    Student s4 = new Student("2014123004", "学生 4", 20, new Date());
    MyClass myClass = new MyClass("2014Java 专业 ");
    s1.setMyClass(myClass);
    s2.setMyClass(myClass);
    s3.setMyClass(myClass);
    s4.setMyClass(myClass);
    session.save(s1);
    session.save(s2);
    session.save(s3);
    session.save(s4);
    tx.commit();
    HibernateSessionFactory.closeSession();
}
```

在主函数中调用该方法执行后，控制台的部分信息如图 4-35 所示，可以看出已经执行了插入 4 个学生记录的操作。

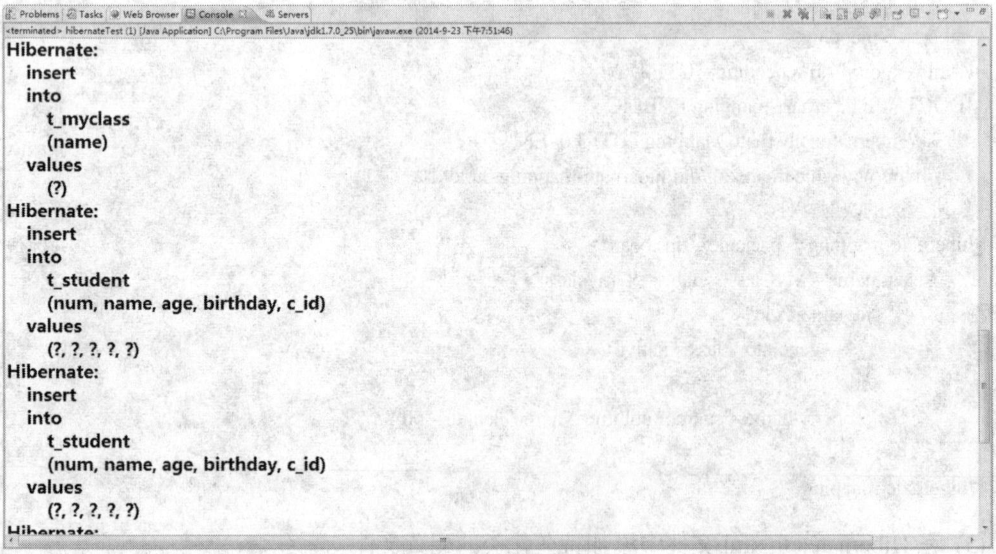

```
Hibernate:
    insert
    into
        t_myclass
        (name)
    values
        (?)
Hibernate:
    insert
    into
        t_student
        (num, name, age, birthday, c_id)
    values
        (?, ?, ?, ?, ?)
Hibernate:
    insert
    into
        t_student
        (num, name, age, birthday, c_id)
    values
        (?, ?, ?, ?, ?)
Hibernate:
```

图 4-35 控制台中的信息

数据库中的结果如图 4-36 所示。从中可以看出，执行上述代码后，数据库中多了 4 条学生记录，说明执行插入操作成功。

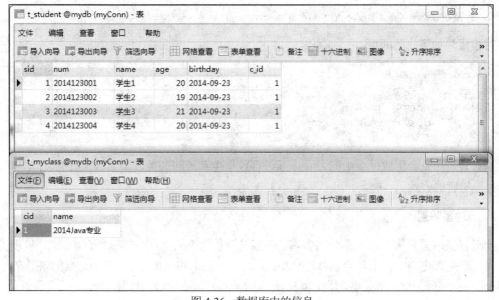

图 4-36　数据库中的信息

另外，还可以看出，在数据库中学生类对应的表中生成了一个班级表的外键 c_id。该外键列指向学生对应的班级记录。

总结单向多对一映射关系的要点：

① 在多端(学生)的持久化类中增加一个属性，该属性引用一端(班级)实体。

② 在多端(学生)的映射文件中增加<many-to-one…/>元素，作用是在学生的数据表中增加一个外键列来参照主表的数据。

<many-to-one…/>元素与<property…/>元素类似，区别在于，它不再映射持久化类的属性，而是映射关联实体。<many-to-one…/>元素也可以拥有属性，比较常用的属性有：

① name：映射类属性的名字。

② column：关联的字段。

③ class：关联类的名字。

④ cascade：设置操作中的级联策略。可选值有：

➢ all：所有操作情况均进行级联。

➢ none：所有操作情况均不进行级联。

➢ save-update：执行 save 和 update 操作时级联。

➢ delete：执行删除操作时级联。

如在学生类的映射文件中，设置了 cascade=all，则所有对学生类的操作都会级联到班级类。上面的测试程序中，分别保存了 4 个学生对象，没有保存班级对象，但是由于存在级联关系，所以班级记录也会在数据库中生成。使用级联可以提高开发效率，但是如果使用不当，可能会造成删除或更新数据时出现问题。

上面介绍的是基于外键的单向多对一映射，还可以使用连接表来建立这种关系。使用连接表的多对一关联，要使用<join…/>元素将一个类的属性映射到连接表中，而且经常需要使用 table 属性指定连接表的表名。对于上述多对一的例子，只需要把学生类的映射文件中的代码：

```xml
<many-to-one name="myClass" column="c_id" cascade="all"/>
```

替换成为如下代码即可：

```xml
<join table ="stu_class">
    <key cloumn ="id"/>
    <many-to-one name="myClass"
    class ="MyClass" cascade="all" column="c_id"/>
</join>
```

这种设置下，会生成一个中间表 stu_class 存放学生和班级的关联关系。一般来说，没有必要使用连接表的方式。

2. 一对多映射

一对多关联关系需要从一端访问多端，多端的持久化类需要在一端以集合形式出现。所以需要在一端持久化类中使用集合属性，并添加上相应的 get() 和 set() 方法。对于一端的映射文件，使用<one-to-many…/>元素关联起来，其用法和<many-to-one…/>元素用法类似，只是属性值指向了多端。在创建完 Hibernate 程序的基础上，按以下步骤进行。

(1) 创建持久化类

```java
//学生类。因为不再控制关联关系，所以不再需要 MyClass 类型的属性
public class Student {
    private Integer sid;
    private String snum;
    private String sname;
    private Integer sage;
    private Date sbirthday;
    //省略所有属性的 get()和 set()方法…
}
//班级类。因为要控制关联关系，所以为其增加 Set 类型的属性指向 Stduent 关联实体
public class MyClass {
    private Integer cid;
    private String cname;
    private Set<Student>myStudentSet;
    //省略所有属性的 get()和 set()方法……
}
```

(2) 创建持久化类的配置文件

```xml
<?xml version="1.0" encoding="UTF-8"?>
<!DOCTYPE hibernate-mapping PUBLIC
    "-//Hibernate/Hibernate Mapping DTD 3.0//EN"
    "http://www.hibernate.org/dtd/hibernate-mapping-3.0.dtd">
<!--学生类的映射文件-->
<hibernate-mapping    package="dps.bean">
    <class name="Student"    table="t_student">
```

```xml
        <id name="sid">
            <generator class="native"/>
        </id>
        <property name="snum" column="num" length="20" unique="true"/>
        <property name="sname" column="name" length="20"/>
        <property name="sage"   column="age"/>
        <property name="sbirthday" column="birthday"  type="date"/>
    </class>
</hibernate-mapping>

<?xml version="1.0" encoding="UTF-8"?>
<!DOCTYPE hibernate-mapping PUBLIC
    "-//Hibernate/Hibernate Mapping DTD 3.0//EN"
    "http://www.hibernate.org/dtd/hibernate-mapping-3.0.dtd">
<!--班级类的映射文件-->
<hibernate-mapping    package="dps.bean">
    <class name="MyClass"   table="t_myclass">
        <id name="cid">
            <generator class="native"/>
        </id>
        <property name="cname" column="name" length="50"/>
        <set name="myStudentSet" cascade="all" >
            <key column="c_id"></key>
            <one-to-many class="Student"/>
        </set>
    </class>
</hibernate-mapping>
```

(3) 在 Hibernate.cfg.xml 文件中添加持久化类的配置文件

接着需要把这两个映射文件添加到 Hibernate.cfg.xml 文件中，代码如下：

```xml
<mapping resource="dps/bean/MyClass.hbm.xml" />
<mapping resource="dps/bean/Student.hbm.xml" />
```

(4) 测试

写一个测试程序，代码如下：

```java
//一对多操作
public void OpOneToMany()
{
    Session session = HibernateSessionFactory.getSession();
    Transaction tx = session.beginTransaction();
    Student s1 = new Student("2014123001", "学生 1", 20, new Date());
    Student s2 = new Student("2014123002", "学生 2", 19, new Date());
    Student s3 = new Student("2014123003", "学生 3", 21, new Date());
    Student s4 = new Student("2014123004", "学生 4", 20, new Date());
    MyClass myClass = new MyClass("2014Java 专业 ");
    Set<Student> mySet = new HashSet<Student>();
    mySet.add(s1);
    mySet.add(s2);
    mySet.add(s3);
```

```
            mySet.add(s4);
            myClass.setMyStudentSet(mySet);
            session.save(myClass);
            tx.commit();
            HibernateSessionFactory.closeSession();
    }
```

先把数据库中的表全部删除掉，然后在主函数中调用该方法执行，控制台显示了插入班级信息和 4 个学生信息的 SQL 语句，如图 4-37 所示。

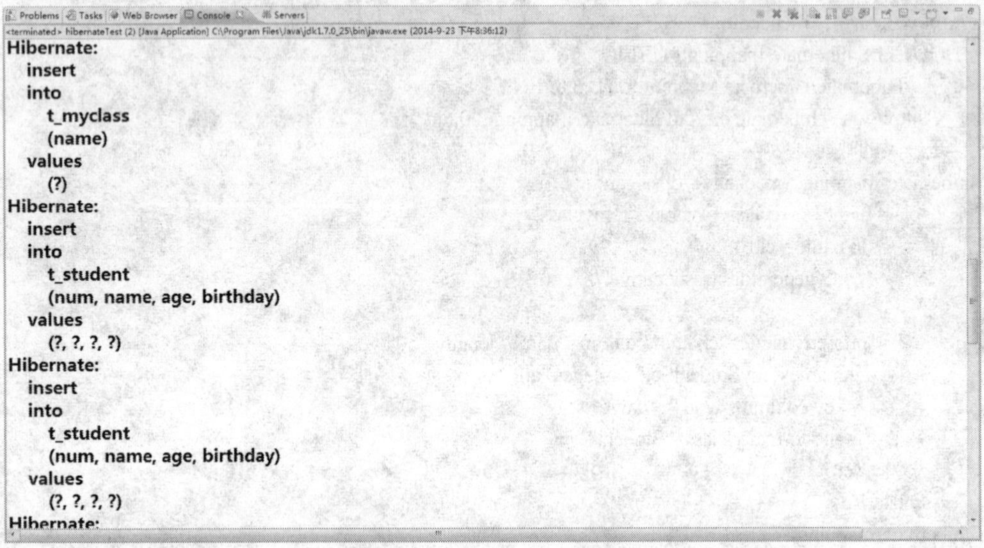

```
Hibernate:
    insert
    into
        t_myclass
        (name)
    values
        (?)
Hibernate:
    insert
    into
        t_student
        (num, name, age, birthday)
    values
        (?, ?, ?, ?)
Hibernate:
    insert
    into
        t_student
        (num, name, age, birthday)
    values
        (?, ?, ?, ?)
Hibernate:
```

图 4-37　控制台中的信息

打开数据库，会发现多了一个班级信息和 4 个学生信息，如图 4-38 所示。

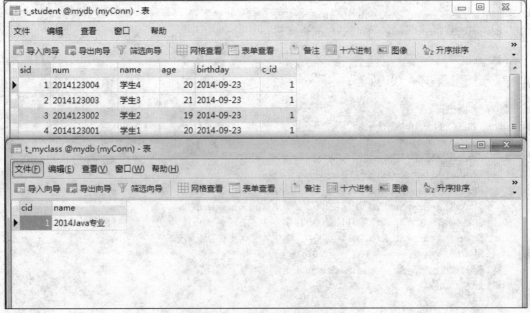

图 4-38　数据库中的信息

这里需要说明的是，因为在<set…/>元素中设置了级联操作，所以当 Hibernate 保存 MyClass 实例时，先会向 t_student 表中插入一条记录，然后再更新 t_student 表。如果没有指定级联操作，则需要先保存 Student 实例，再保存 MyClass 实例，才能保证向 t_student 表插入记录，否则会因为被参照的表记录不存在而导致异常。

总结一下单向一对多映射关系的要点：

① 在一端(班级)的持久化类中增加一个属性，该属性引用多端(学生)实体。

② 在一端(班级)的映射文件中增加<one-to-many…/>元素，作用是在学生的数据表中增加一个外键列来参照主表的数据。

【注意】 不管是多对一，还是一对多，均是在多的一端生成一个指向一的一端的外键。从关系型数据库的结构上来说，外键也只能在多端生成。

3. 一对一映射

一对一关联关系一般用得较少，其映射有两种方式：一种是基于外键的单向一对一关联；另一种是基于主键的单向一对一关联，因为该关联关系用得较少，本节只介绍基于外键的单向一对一关联，基于主键的映射方式可以参考相关资料。基于外键的单向一对一关联与多对一关联映射十分相似，只需要在持久化类中引用关联实体，为其添加属性，并添加 get()和 set()方法，并在相应的映射文件中使用<many-to-one…/>元素，并且在该元素中添加 unique 属性，用来约束多端必须唯一，这样就成了一对一映射。具体操作步骤如下：

(1) 创建持久化类

此处需要创建一个学生类和班级类，并且在学生类中有一个班级类的属性。具体代码如下：

```
//学生类
public class Student {
    private Integer sid;
    private String snum;
    private String sname;
    private Integer sage;
    private Date sbirthday;
    MyClass myClass;        //学生所属的班级，1 端
    //省略所有属性的 get()和 set()方法……
}

//班级类
public class MyClass {
    private Integer cid;
    private String cname;
    //省略所有属性的 get()和 set()方法……
```

(2) 创建持久化类的配置文件

只有上述的两个持久化类，并不能完成关联映射，还需要相应的配置文件。具体如下：

```
<?xml version="1.0" encoding="UTF-8"?>
<!DOCTYPE hibernate-mapping PUBLIC
```

```xml
        "-//Hibernate/Hibernate Mapping DTD 3.0//EN"
        "http://www.hibernate.org/dtd/hibernate-mapping-3.0.dtd">
        <!--学生类的映射文件-->
<hibernate-mapping    package="dps.bean">
    <class name="Student"    table="t_student">
        <id name="sid">
            <generator class="native"/>
        </id>
        <property name="snum" column="num" length="20" unique="true"/>
        <property name="sname" column="name" length="20"/>
        <property name="sage"    column="age"/>
        <property name="sbirthday" column="birthday"    type="date"/>
        <many-to-one name="myClass" column="c_id" cascade="all" unique="true"/>
    </class>
</hibernate-mapping>

<?xml version="1.0" encoding="UTF-8"?>
<!DOCTYPE hibernate-mapping PUBLIC
        "-//Hibernate/Hibernate Mapping DTD 3.0//EN"
        "http://www.hibernate.org/dtd/hibernate-mapping-3.0.dtd">
<!--班级类的映射文件-->
<hibernate-mapping    package="dps.bean">
    <class name="MyClass"    table="t_myclass">
        <id name="cid">
            <generator class="native"/>
        </id>
        <property name="cname" column="name" length="50"/>
    </class>
</hibernate-mapping>
```

(3) 在 Hibernate.cfg.xml 文件中添加持久化类的配置文件

接着需要把这两个映射文件添加到 Hibernate.cfg.xml 文件中，如下：

```xml
<mapping resource="dps/bean/MyClass.hbm.xml" />
<mapping resource="dps/bean/Student.hbm.xml" />
```

(4) 测试

写一个测试程序，代码如下：

```java
//多对一操作
public void OpOneToOne()
{
    Session session = HibernateSessionFactory.getSession();
    Transaction tx = session.beginTransaction();
    Student s1 = new Student("2014123001", "学生 1", 20, new Date());
```

```
MyClass myClass = new MyClass("2014Java 专业 ");
s1.setMyClass(myClass);
session.save(s1);
tx.commit();
HibernateSessionFactory.closeSession();
}
```

在主函数中调用该方法执行后,控制台显示的 SQL 执行过程如图 4-39 所示。

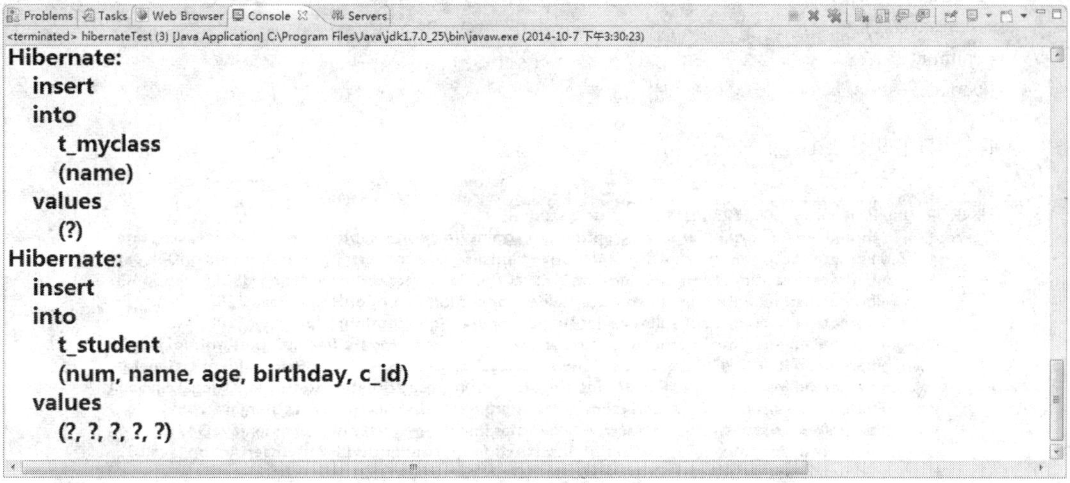

```
Hibernate:
  insert
  into
    t_myclass
    (name)
  values
    (?)
Hibernate:
  insert
  into
    t_student
    (num, name, age, birthday, c_id)
  values
    (?, ?, ?, ?, ?)
```

图 4-39　控制台中的信息

数据库中的结果如图 4-40 所示。

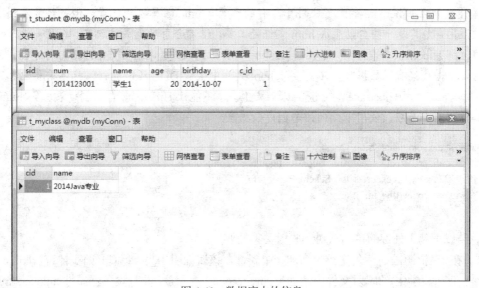

图 4-40　数据库中的信息

从图 4-40 可以看出,映射的结果是在数据库中学生类对应的表中生成了一个班级表的外键 c_id。这时,学生和班级之间是一对一的关系,每个学生只能对应一个班级。如果多个学生

对应到一个班级,则会出现异常。如果执行下面的程序:

```
Session session = HibernateSessionFactory.getSession();
Transaction tx = session.beginTransaction();
Student s1 = new Student("2014123001", "学生 1", 20, new Date());
Student s2 = new Student("2014123001", "学生 1", 20, new Date());
MyClass myClass = new MyClass("2014Java 专业 ");
s1.setMyClass(myClass);
s2.setMyClass(myClass);
session.save(s1);
session.save(s2);
tx.commit();
HibernateSessionFactory.closeSession();
```

则会出现如图 4-41 所示的异常。

```
ERROR: Duplicate entry '2014123001' for key 'uc_t_student_1'
Exception in thread "main" org.hibernate.exception.ConstraintViolationException: could not execute stater
    at org.hibernate.exception.internal.SQLStateConversionDelegate.convert(SQLStateConversionDelegate
    at org.hibernate.exception.internal.StandardSQLExceptionConverter.convert(StandardSQLExceptionCo
    at org.hibernate.engine.jdbc.spi.SqlExceptionHelper.convert(SqlExceptionHelper.java:125)
    at org.hibernate.engine.jdbc.spi.SqlExceptionHelper.convert(SqlExceptionHelper.java:110)
    at org.hibernate.engine.jdbc.internal.ResultSetReturnImpl.executeUpdate(ResultSetReturnImpl.java:1:
    at org.hibernate.id.IdentityGenerator$GetGeneratedKeysDelegate.executeAndExtract(IdentityGenerato
    at org.hibernate.id.insert.AbstractReturningDelegate.performInsert(AbstractReturningDelegate.java:5
    at org.hibernate.persister.entity.AbstractEntityPersister.insert(AbstractEntityPersister.java:2966)
    at org.hibernate.persister.entity.AbstractEntityPersister.insert(AbstractEntityPersister.java:3477)
    at org.hibernate.action.internal.EntityIdentityInsertAction.execute(EntityIdentityInsertAction.java:81)
    at org.hibernate.engine.spi.ActionQueue.execute(ActionQueue.java:362)
    at org.hibernate.engine.spi.ActionQueue.addResolvedEntityInsertAction(ActionQueue.java:203)
```

图 4-41 控制台中的信息

【注意】在 Hibernate 的配置文件中,有的元素有 unique 属性的配置,但是经常看到这个元素被滥用,尤其是一些自动生成 hbm 文件的工具,经常会自动生成该配置,而且一般开发人员也不理解 Hibernate 配置的真正含义。unique 的真正意义是:在生成 DDL 语句时才会用到,换句话说,若已经有了数据库,不需要从 hbm 文件中生成 DDL 语句的话,就不需要配置这个属性。所以,要使用 Hibernate 的 unique 属性起作用,不能让 Hibernate 自动创建表,否则 unique 会不起作用。而是应该使用下面的语句创建数据表:

```
public static void main(String[] args) {
    Configuration cfg =new AnnotationConfiguration().configure();
    SchemaExport export = new SchemaExport(cfg);
    export.create(true, true);
}
```

总结以下基于外键的单向一对一映射关系的要点:
① 在一端(学生)的持久化类中增加一个属性,该属性引用另一端(班级)实体。
② 在一端(学生)的映射文件中增加<many-to-one…/>元素,并且设置器属性 unique="true",作用是在学生的数据表中增加一个外键列,来参照主表的数据。

可以认为,一对一映射是多对一映射的一种特殊情况。

4. 多对多映射

单向多对多关联和单向一对多关联很类似，需要在一端添加一个 Set 类型的多端属性，用来关联多端。映射文件中需要使用<set…/>元素配置添加集合类型的属性映射，并使用<key…/>子元素映射外键列。与一对多关联不同的是，需要使用<many-to-many…/>来映射多对多关联实体，还有一点值得注意的是，需要为多对多关联指定一个连接表，用来存放多对多关联关系。在创建完 Hibernate 程序的基础上，按以下步骤进行。

(1) 创建持久化类

```java
//学生类。因为不再控制关联关系，所以不再需要 MyClass 类型的属性
public class Student {
    private Integer sid;
    private String snum;
    private String sname;
    private Integer sage;
    private Date sbirthday;
    //省略所有属性的 get()和 set()方法…
}

//班级类。因为要控制关联关系，所以为其增加 Set 类型的属性指向 Stduent 关联实体
public class MyClass {
    private Integer cid;
    private String cname;
    private Set<Student> myStudentSet;
    //省略所有属性的 get()和 set()方法…
```

(2) 创建持久化类的配置文件

```xml
<?xml version="1.0" encoding="UTF-8"?>
<!DOCTYPE hibernate-mapping PUBLIC
    "-//Hibernate/Hibernate Mapping DTD 3.0//EN"
    "http://www.hibernate.org/dtd/hibernate-mapping-3.0.dtd">
<!--学生类的映射文件-->
<hibernate-mapping    package="dps.bean">
    <class name="Student"    table="t_student">
        <id name="sid">
            <generator class="native"/>
        </id>
        <property name="snum" column="num" length="20" unique="true"/>
        <property name="sname" column="name" length="20"/>
        <property name="sage"    column="age"/>
        <property name="sbirthday" column="birthday"    type="date"/>
    </class>
</hibernate-mapping>

<?xml version="1.0" encoding="UTF-8"?>
<!DOCTYPE hibernate-mapping PUBLIC
    "-//Hibernate/Hibernate Mapping DTD 3.0//EN"
    "http://www.hibernate.org/dtd/hibernate-mapping-3.0.dtd">
```

```xml
<!--班级类的映射文件-->
<hibernate-mapping    package="dps.bean">
    <class name="MyClass"    table="t_myclass">
        <id name="cid">
            <generator class="native"/>
        </id>
        <property name="cname" column="name" length="50"/>
        <set name="myStudentSet" table="stu_class" cascade="all" >
          <key column="c_id"></key>
          <many-to-many class="Student" column="s_id"/>
        </set>
    </class>
</hibernate-mapping>
```

(3) 在 Hibernate.cfg.xml 文件中添加持久化类的配置文件

接着需要把这两个映射文件添加到 Hibernate.cfg.xml 文件中，代码如下：

```xml
<mapping resource="dps/bean/MyClass.hbm.xml" />
<mapping resource="dps/bean/Student.hbm.xml" />
```

(4) 测试

可以先生成数据库表。执行如下代码：

```java
public static void main(String[] args) {
    Configuration cfg =new AnnotationConfiguration().configure();
    SchemaExport export = new SchemaExport(cfg);
    export.create(true, true);
}
```

数据库中生成 3 个表，其结构如图 4-42 所示。

其中，stu_class 表示一个中间表，用来存放学生和班级实体的关系。写一个测试程序，代码如下：

```java
//多对多操作
public void OpManyToMany()
{
    Session session = HibernateSessionFactory.getSession();
    Transaction tx = session.beginTransaction();
    Student s1 = new Student("2014123001", "学生 1", 20, new Date());
    Student s2 = new Student("2014123002", "学生 2", 19, new Date());
    MyClass myClass1 = new MyClass("2014Java 专业 ");
    MyClass myClass2 = new MyClass("2014Java 专业 ");
    Set<Student> mySet = new HashSet<Student>();
    mySet.add(s1);
    mySet.add(s2);
    myClass1.setMyStudentSet(mySet);
    myClass2.setMyStudentSet(mySet);
    session.save(myClass1);
    session.save(myClass2);
    tx.commit();
```

```
    HibernateSessionFactory.closeSession();
}
```

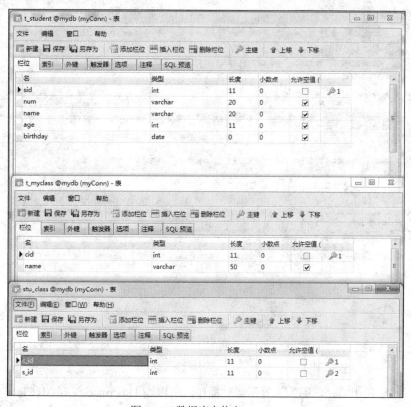

图 4-42 数据库中信息

在主函数中调用该方法执行,控制台显示的部分信息如图 4-43 所示。

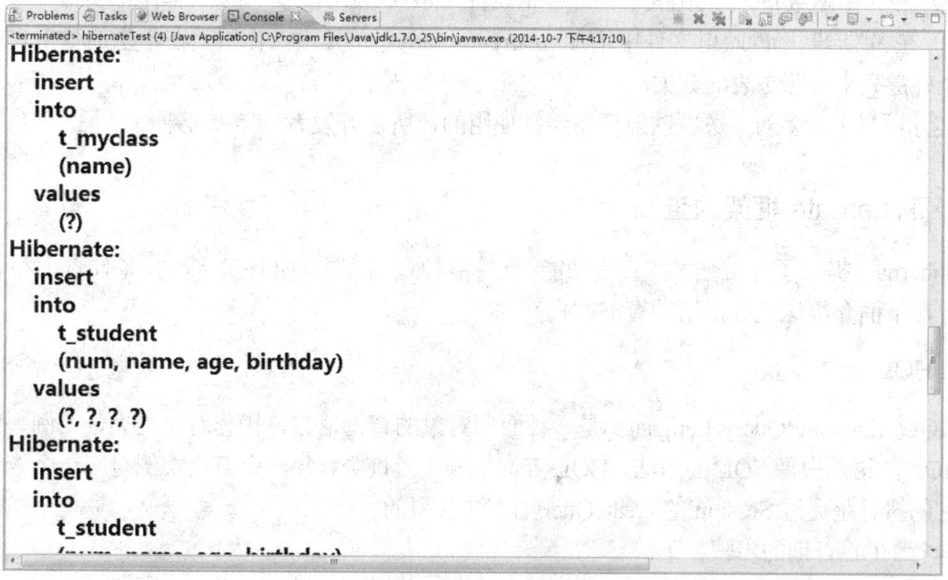

图 4-43 控制台中显示的部分信息

数据库中的结果如图 4-44 所示。

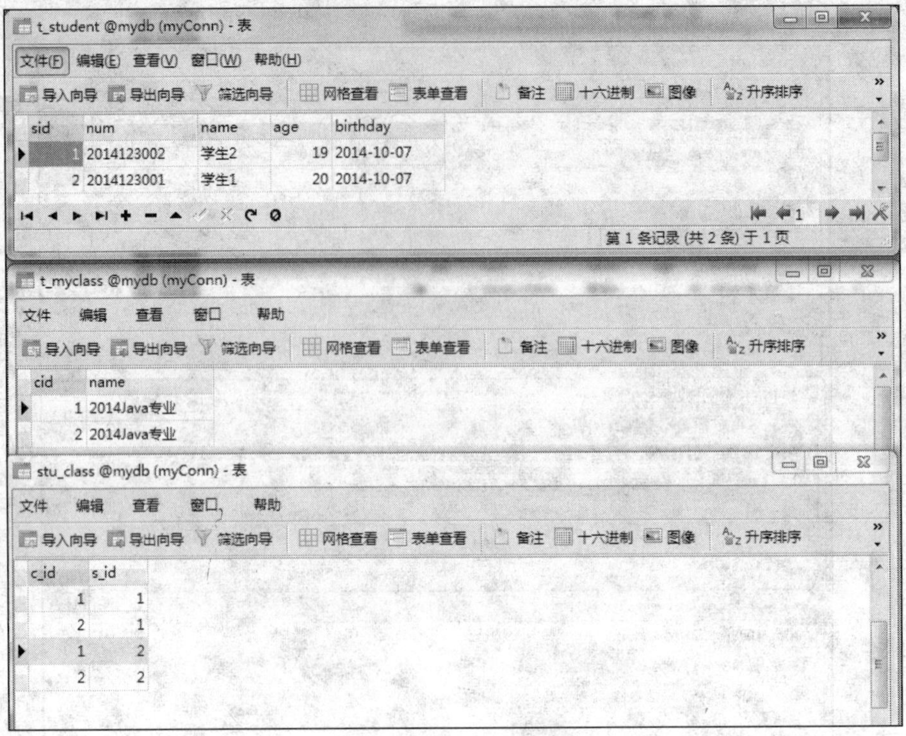

图 4-44 数据库中的信息

这里需要说明的是，因为设置了级联操作，所以当 Hibernate 保存 MyClass 实例时，先会向 t_student 表中插入一条记录。

总结以下单向多对多映射关系的要点：

① 在多端(班级)的持久化类中增加一个属性，该属性引用另一个多端(学生)实体。

② 在多端(班级)的映射文件中增加<many-to-many…/>元素，作用是在学生的数据表中增加一个外键列来参照主表的数据。

实际项目中，多对多关联映射还是经常使用的，所以开发者一定要能熟练掌握。

4.3.2 Hibernate 框架的查询

Hibernate 提供了非常强大的查询功能，支持多种查询方式，如 HQL 查询、条件查询和 SQL 查询等，下面介绍这几种常用的查询方式。

1. HQL 查询

HQL(Hibernate Query Language)是一种面向对象的查询语言，操作对象是类、实例、属性等。HQL 的语法很像 SQL 的语法。HQL 查询依赖于查询类，每一个查询实例对应一个查询对象，它的执行是通过 Session 的 createQuery()方法获得的。

执行 HQL 查询的步骤如下：

(1) 获得 Hibernate Session 对象。

(2) 编写 HQL 语句。
(3) 调用 Session 的 createQuery()方法创建查询对象。
(4) 如果 HQL 语句包含参数，则调用 Query 的 setXxx()方法为参数赋值。
(5) 调用 Query 对象的 list()等方法返回查询结果。

下面给出一个完整的 HQL 查询实例，依据前面创建的多对一映射的代码为基础，Student 类作为查询类，查询年龄小于 21 岁的学生记录。查询之前的准备如下：
(1) 向数据库中插入若干条记录，方便查询。
(2) 重写 Student 类和 MyClass 类的 toString()方法，以便控制台查询相应信息。

做好上述准备后，执行如下的查询代码：

```java
//使用 HQL 查询年龄小于 21 岁的学生记录——位置参数
public void OpHqlTest()
{
    Session session = HibernateSessionFactory.getSession();
    String strHQl = "from Student s where s.sage<? ";
    List<Student> myList = session.createQuery(strHQl)
                        .setParameter(0, 21)    //给第 1 个?传参数
                        .list();
    for(Student s:myList)
    {
        System.out.println(s);
    }
    HibernateSessionFactory.closeSession();
}
```

运行代码后会在后台的控制台列出查询的结果，如图 4-45 所示。

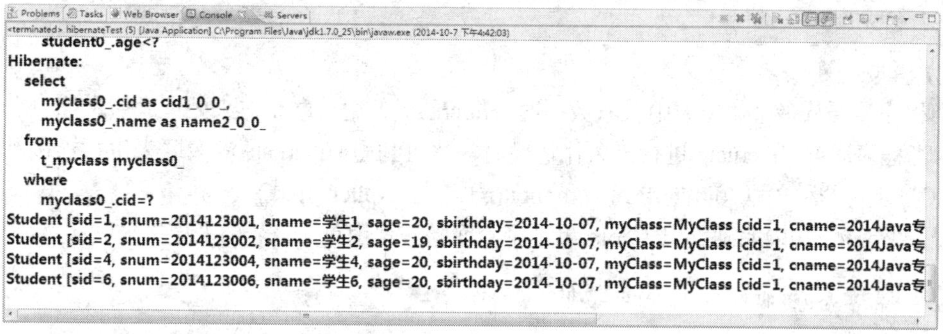

图 4-45 控制台中的信息

其实 HQL 查询就是使用查询类在代码中操作查询底层数据表的记录，从而代替从数据库表着手查询，简化了对数据库表的操作。

上面 HQL 语句中，使用的是"?"来传递参数，这个参数称为位置参数，其索引从 0 开始。还有另外一种传递参数的方法，称为命名参数。上述查询代码如果改为命名参数的方式，则如下所示：

```java
//使用 HQL 查询年龄小于 21 岁的学生记录——命名参数
public void OpHqlTest2()
{
```

```
Session session = HibernateSessionFactory.getSession();
String strHQl = "from Student s where s.sage<:age ";
List<Student> myList = session.createQuery(strHQl)
                            .setParameter("age", 21)      //给 age 传值
                            .list();
for(Student s:myList)
{
    System.out.println(s);
}
HibernateSessionFactory.closeSession();
}
```

可以根据个人习惯，选择使用位置参数或命名参数的参数传值方式。一般建议参数较少时使用位置参数，参数较多时使用命名参数。

下面列出一些常用的 HQL 查询语句：

(1) HQL 查询的 from 子句

Hibernate 中最简单的查询语句的形式如下：

```
from Student
```

from 关键字后面紧跟持久化类的类名。大多数情况下，需要指定一个别名，因为可能需要在查询语句的其他部分引用到 Student。

```
from Student as stu
From Person as p
```

子句中可以同时出现多个类，其查询结果是产生一个笛卡儿积或产生跨表的连接。

```
from Student stu , MyClass c
```

(2) 关联与连接

当程序需要从多个数据表中获取数据时，Hibernate 使用关联映射来处理底层数据表之间的连接，当程序通过 Hibernate 进行持久化访问时，将可利用 Hibernate 的关联来进行连接。

HQL 支持两种关联 join 的形式：implicit(隐式)与 explicit(显式)。

显式 from 子句中明确给出了 join 关键字，而隐式使用英文点号(.)来连接关联实体。

```
From Person as p inner join p.myEvent e with p.id=e.id
```

对于隐式连接和显式连接有如下两个区别：

① 显式连接底层将转换成 SQL99 的交叉连接，显式连接底层将转换成 SQL99 的 inner join、left join、right join 等连接。

② 隐式连接和显式连接查询后返回的结果不同。使用隐式连接查询返回的结果是多个被查询实体组成的集合。使用显式连接的结果分为两种：如果 HQL 语句中省略 select 关键字时，返回的结果也是集合，但集合元素是被查询持久化对象、所有被关联的持久化对象所组成的数组；如果没有省略 select 关键字，返回的结果同样是集合，集合中的元素是跟在 select 关键字后的持久化对象组成的数组。

以下是隐式连接的例子：

```
//隐式连接
from Student.myClass
//显示连接，省略 select 关键字
from Student stu inner join MyClass c
//显示连接，使用 select 关键字
select stu.sname,stu.snum from Student stu inner join MyClass c
```

(3) select 子句

有时并不需要得到对象的所有属性，这时可以使用 select 子句进行属性查询：

```
select sname from Student
```

select 查询语句可以返回多个对象和(或)属性，存放在 Object[]队列中或者 List 对象中：

```
select sname,snum ,sage from Student
```

select 还支持给选定的表达式命别名：

```
select sname as 姓名 from Student
```

(4) 聚集函数

受支持的聚集函数包括：avg(…)，sum(…)，min(…)，max(…)，count(*)，count(…)，count(distinct …)，count(all…)。

Select 子句也支持使用 distinct 和 all 关键字，此时的效果与 SQL 中的效果相同。

(5) Where 子句

where 子句允许将返回的实例列表的范围缩小。如果没有指定别名，可以使用属性名来直接引用属性。

```
from Student where sname="诸葛亮"
From Person where age < 40
```

如果指派了别名，需要使用完整的属性名：

```
select sname 姓名, snum ,sage from Student where sname ="诸葛亮"
```

(6) order by 子句

查询返回的列表(List)可以按照一个返回的类或组件(Components)中的任何属性(Property)进行排序：

```
from Student as stu order by stu.snum
From Person as p ordery by p.id
```

可选的 asc 或 desc 关键字指明了按照升序或降序进行排序，默认是升序：

```
from Student as stu order by stu.snum   desc
```

(7) group by 子句

一个返回聚集值(Aggregate Values)的查询可以按照一个返回的类或组件(Components)中的

任何属性(Property)进行分组：

```
from Student as stu group by stu.myClass
Select p.id,p.name from Person p group by p.age
```

可以使用 having 子句对分组进行过滤：

```
from Student as stu group by stu.myClass having stu.sage<21
Select p.id,p.name from Person p group by p.age having p.age between 10 and 40
```

【注意】group by 子句与 order by 子句中都不能包含算术表达式，也要注意 Hibernate 目前不会扩展 group 的实体。

(8) 子查询

对于支持子查询的数据库，Hibernate 支持在查询中使用子查询。一个子查询必须被圆括号包围起来(经常是 SQL 聚集函数的圆括号)。甚至相互关联的子查询(引用到外部查询中的别名的子查询)也是允许的。

```
from Student stu where stu.myClass =( from MyClass c where c.cname="ssh")
From Person p where p.age > (select avg(p1.age) from Person p1)
```

【注意】HQL 子查询只可以在 select 子句或者 where 子句中出现。

(9) 参数绑定

在 Hibernate 中提供了类似这种的查询参数绑定功能，而且在 Hibernate 中对这个功能还提供了比传统 JDBC 操作丰富得多的特性。下面将介绍在 Hibernate 中最常用的参数绑定。

使用 setParameter()方法绑定：在 Hibernate 的 HQL 查询中可以通过 setParameter()方法绑定任意类型的参数，代码如下：

```
List myList= session.createQuery("from Student stu where stu.name=:name ")
                   .setParameter("name", "诸葛亮",StringT).list();
```

setParameter()方法包含 3 个参数，第一个参数表示命名参数名称，第二个参数表示命名参数实际值，第三个参数表示命名参数映射类型。对于某些参数类型 setParameter()方法可以根据参数值的 Java 类型，猜测出对应的映射类型，因此这时不需要显示写出映射类型，像上面的例子，可以直接这样写：

```
List myList = session.createQuery("from Student stu where stu.sname=:name ")
                    .setParameter("name", "诸葛亮").list();
```

但是对于一些类型就必须写明映射类型，如 java.util.Date 类型，因为它会对应 Hibernate 的多种映射类型，如 Hibernate.DATA 或者 Hibernate.TIMESTAMP。

还可以使用"?"来定义参数位置，代码如下：

```
List myList = session.createQuery("from Student stu where stu.sname=?   ")
                    .setParameter(0, "曹操").list();
```

这种使用占位符"?"定义参数的使用方法和使用命名参数名称定义参数的使用方法完全相同，不再赘述。

2. 条件查询

Hibernate 支持的条件查询是面向对象的数据查询方式，org.hibernate.Criteria 接口表示对特定持久类的一个查询，执行条件查询的步骤如下：

(1) 获得 Hibernate 的 Session 对象。
(2) 以 Session 对象创建 Criteria 对象。
(3) 使用 Restriction 的静态方法创建 Criterion 查询条件。
(4) 向 Criteria 查询中添加 Criterion 查询条件。
(5) 执行 Criterion 的 list()方法或者 uniqueResult()方法返回结果集。

条件查询使用到的类含义是：

- Criteria 代表一次查询。
- Criterion 代表一个查询条件。
- Restrictions 产生查询条件的工具类。

org.hibernate.criterion.Restrictions 类定义了获得某些内置 Criterion 类型的工厂方法，Restrictions 提供了大量的静态方法，如 eq(等于)、ge(大于等于)、gt(大于)、between 等方法来创建 Criterion 查询条件。该实例通过使用 ge()方法实现增加查询条件，第一个参数表示条件查询依据 Student 的属性名 name，第二个参数表示条件查询实际依据值，如果不是可比较的类型，它会自动转换为赋值类型。

Criterion 是 Criteria 的查询条件。Criteria 提供了 add(Criterion criterion) 方法来添加查询条件。下面使用条件查询从数据库中查询年龄小于 21 岁的学生记录，代码如下：

```
//使用 HQL 查询年龄小于 21 岁的学生记录——条件查询
public void OpHqlCriteria()
{
    Session session = HibernateSessionFactory.getSession();
    List<Student> myList = session.createCriteria(Student.class).add(Restrictions.lt("sage", 21)).list();
    for(Student s:myList)
    {
        System.out.println(s);
    }
    HibernateSessionFactory.closeSession();
}
```

查询结果和使用 HQL 查询结果一样。另外，Criteria 还有几个比较常用的方法：

- addOrder(Order order)：增加排序规则。
- setFristResult(int firstResult)：设置查询返回的第一行记录。
- setMaxResult(int maxResult)：设置查询返回的记录数。

setFristResult()和 setMaxResult()方法经常用于分页功能。

3. SQL 查询

Hibernate 不仅支持面向对象的查询,还支持基于数据表的 SQL 查询。SQL 查询是通过 SQLQuery 接口表示的，SQLQuery 接口是 Query 接口的子接口，它是通过调用 Session.create SQLQuery()方法获得的。

先介绍一下 Query 接口的常用方法：
- setFirstResult()：设置返回结果集的起始点。
- setMaxResults()：设置查询获取的最大记录数。
- list()：返回查询到的结果集。

SQLQuery 比 Query 多了两个重载的方法：
- addEntity()：将查询到的记录与特定的实体关联。
- addScalar()：将查询的记录关联成标量值。

执行 SQL 查询的步骤如下：
- 获取 Hibernate Session 对象。
- 编写 SQL 语句。
- 以 SQL 语句作为参数，调用 Session 的 createSQLQuery()方法创建查询对象。
- 如果 SQL 语句包含参数，调用 Query 的 setXxx()方法为参数赋值。
- 调用 SQLQuery 对象的 addEntity()或 addScalar()方法将选出的结果与实体或标量值关联。
- 调用 Query 的 list()方法返回查询的结果集。

可以根据需要返回查询结果的某个字段或是整体，下面分别介绍这两种情况。

(1) 字段查询

字段查询就是获得一个数值的列表，查询的结果会返回一个由 Object 数组组成的 List，数组的每个元素都是 t_student 表或者 t_myclass 表的列值。代码如下：

```java
//使用 SQL 查询所有学生的名字
public void OpSqlTest()
{
    Session session = HibernateSessionFactory.getSession();
    List<Student> myList = session.createSQLQuery("select * from t_student")
        //可以通过 addScalar()方法明确指定返回值的数据类型
        .addScalar("name",StandardBasicTypes.STRING)
        .list();
    System.out.println(myList);
    HibernateSessionFactory.closeSession();
}
```

执行结果如图 4-46 所示。

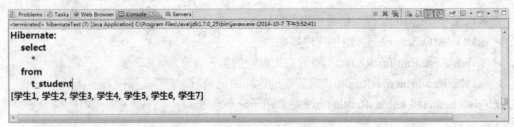

图 4-46 控制台中的信息

值得注意是，实例中虽然是查询 t_student 表的全部字段，但查询的结果只会返回 name 字段所组成的数据列，这是因为使用了 addScalar()方法，明确指出了所要返回的字段，并指出返回值的数据类型。如果不使用 addScalar()方法，则会返回所有字段。

(2) 实体查询

实体查询就是把查询转换成实体查询，并将查询结果转换成实体。使用实体查询条件是，查询某个数据表的全部数据列。只有这样实体查询才会把数据列转换成持久化实体。SQLQuery 接口提供了 addQuery()方法进行实体查询。代码如下：

```
//使用 SQL 查询所有学生实体
public void OpSqlTest2()
{
    Session session = HibernateSessionFactory.getSession();
    List<Student> myList = session.createSQLQuery("select * from t_student")
        //指定查询的记录转换成 Student 实体
        .addEntity(Student.class)
        .list();
    for(Student s:myList)
    {
        System.out.println(s.getSname()+"的学号是："+s.getSnum());
    }
    HibernateSessionFactory.closeSession();
}
```

执行结果如图 4-47 所示。

图 4-47 控制台中的信息

这是对单表的查询，还可以对多个连接表查询，并将查询结果转换成多个实体。代码如下：

```
//使用 SQL 查询
public void OpSqlTest3()
{
    Session session = HibernateSessionFactory.getSession();
    List myList = session.createSQLQuery("select {s.*} ,{c.*} from t_student s,t_myclass c where s.c_id=c.cid")
        //指定查询的记录转换成 Student 实体和 MyClass 实体
        .addEntity("s",Student.class)
        .addEntity("c",MyClass.class)
        .list();
    for(Object u:myList)
    {
        Object[] uu= (Object[])u;
        Student s=(Student) uu[0];
        MyClass c= (MyClass) uu[1];
        System.out.println(s.getSname()+"的班级名字是："+c.getCname());
```

```
        }
        HibernateSessionFactory.closeSession();
}
```

执行结果如图 4-48 所示。

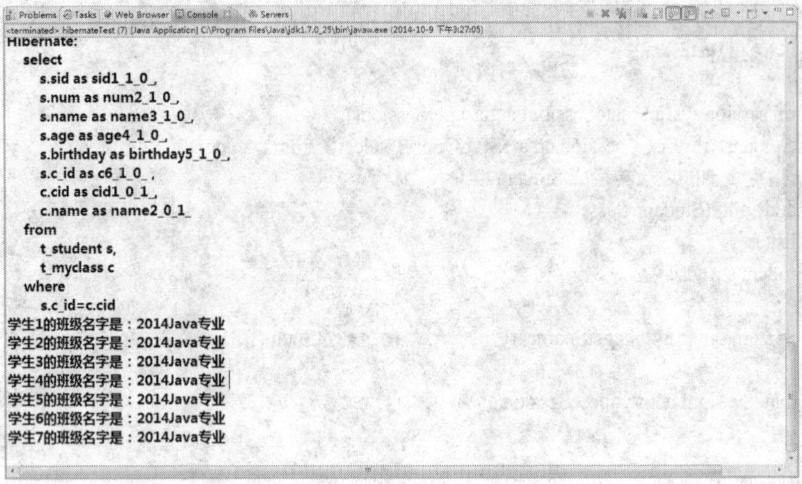

图 4-48 控制台中的信息

从上面的例子可以看出，Hibernate 分别提供了 HQL 查询、条件查询和 SQL 查询，给开发者提供了各种选择，可谓功能非常强大。

4.3.3　Hibernate 的批量处理

在实际操作中，可能需要进行数据库的批量处理(如插入多条学生记录等)，即在一个事务中执行多条语句。批量处理时，Hibernate 一般是把待处理的记录实体放在缓存中，在事务提交时再统一执行相应的操作。Hibernate 的缓存又分为一级缓存和二级缓存等，这也是 Hibernate 最常用的两个缓存。

(1) 一级缓存。Hibernate 的一级缓存是在 Session 范围内的缓存，即每个 Session 有自己的一个缓存，当前操作的对象都会被保存在一级缓存中，它随着 Session 关闭而消失。一级缓存默认是开启的，容量比较小。

(2) 二级缓存。Hibernate 的二级缓存是 SessionFactory 范围的缓存，可以被来自同一个 SessionFactory 的 Session 共享，默认是关闭的。有时为了提高性能，需要手动配置开启二级缓存。

Hibernate 的批量处理是为了简化需要大量数据操作时所需的烦琐步骤和提高数据访问的性能而提供的解决方案。下面分别介绍 Hibernate 对批量插入、批量更新和批量删除的处理方案。

1. 批量插入

假设现在需要使用 Hibernate 将 1 000 000 条学生记录插入数据库，首先想到的是使用 for 循环将 1 000 000 条记录依次插入数据库。代码如下：

```
//批处理之添加多条学生记录——会出现一级缓存溢出
```

```java
public void addManyStudents()
{
    Session session = HibernateSessionFactory.getSession();
    session.beginTransaction();
    for(int i=0;i<1000000;i++)
    {
        //产生一个 15～25 的随机年龄
        int age = (int)(Math.random()*10+16);
        Student s = new Student("2014"+i, "学生"+i, age, new Date());
        session.save(s);
    }
    session.getTransaction().commit();
    HibernateSessionFactory.closeSession();
}
```

由于 Hibernate 默认使用一级缓存，而一级缓存的容量有限，所以上述代码循环到一定次数(也就是一级缓存存满时)会出现内存溢出异常，异常信息如图 4-49 所示。

```
Exception in thread "main" java.lang.OutOfMemoryError: Java heap space
    at java.util.HashMap.createEntry(HashMap.java:869)
    at java.util.HashMap.addEntry(HashMap.java:856)
    at java.util.HashMap.put(HashMap.java:484)
    at java.util.ListResourceBundle.loadLookup(ListResourceBundle.java:198)
    at java.util.ListResourceBundle.handleGetObject(ListResourceBundle.java:124)
    at java.util.ResourceBundle.getObject(ResourceBundle.java:389)
    at java.util.ResourceBundle.getObject(ResourceBundle.java:392)
    at java.util.ResourceBundle.getObject(ResourceBundle.java:392)
    at java.util.ResourceBundle.getStringArray(ResourceBundle.java:372)
    at java.text.DateFormatSymbols.initializeData(DateFormatSymbols.java:664)
    at java.text.DateFormatSymbols.<init>(DateFormatSymbols.java:141)
    at java.text.DateFormatSymbols.getCachedInstance(DateFormatSymbols.java:369)
    at java.text.DateFormatSymbols.getInstanceRef(DateFormatSymbols.java:343)
    at java.text.SimpleDateFormat.<init>(SimpleDateFormat.java:583)
    at com.mysql.jdbc.PreparedStatement.setDate(PreparedStatement.java:2696)
    at org.hibernate.type.descriptor.sql.DateTypeDescriptor$1.doBind(DateTypeDescriptor.java:58)
    at org.hibernate.type.descriptor.sql.BasicBinder.bind(BasicBinder.java:92)
    at org.hibernate.type.AbstractStandardBasicType.nullSafeSet(AbstractStandardBasicType.java:280)
    at org.hibernate.type.AbstractStandardBasicType.nullSafeSet(AbstractStandardBasicType.java:275)
    at org.hibernate.type.AbstractSingleColumnStandardBasicType.nullSafeSet(AbstractSingleColumnStandardBasicType.java:57)
    at org.hibernate.persister.entity.AbstractEntityPersister.dehydrate(AbstractEntityPersister.java:2777)
    at org.hibernate.persister.entity.AbstractEntityPersister.dehydrate(AbstractEntityPersister.java:2752)
    at org.hibernate.persister.entity.AbstractEntityPersister$4.bindValues(AbstractEntityPersister.java:2959)
    at org.hibernate.id.insert.AbstractReturningDelegate.performInsert(AbstractReturningDelegate.java:57)
```

图 4-49 控制台中的出错信息

上述错误的原因是，Hibernate 操作的所有对象都会先保存到一级缓存中，但 Session 级别的一级缓存并不会自动立即把这种改变更新到数据库中，只有显式调用 Session 的 flush()方法，或程序关闭 Session 时才会把这些改变一次性地 flush 到底层数据库。当进行大量的操作时，一级缓存会出现溢出，需要定时采用手动的方式将 Session 缓存的数据刷入数据库。比如上面的代码可以修改如下，则不会出现异常：

```java
//批处理之添加多条学生记录——不会一级缓存溢出
public void addManyStudents2()
{
    Session session = HibernateSessionFactory.getSession();
    session.beginTransaction();
    for(int i=0;i<1000000;i++)
    {
```

```
            //产生一个 15 到 25 的随机年龄
            int age = (int)(Math.random()*10+16);
            Student s = new Student("2014"+i, "学生"+i, age, new Date());
            session.save(s);
            //定时手动刷新并且清空一级缓存
            if(i%1000==0) { session.flush();session.clear();}
        }
        session.getTransaction().commit();
        HibernateSessionFactory.closeSession();
    }
```

上述改进代码中,采用了每 1000 条记录手动刷新并且清空一级缓存的方式,就可以避免上述异常。

2. 批量更新和批量删除

对于批量更新和批量删除,同样可以使用上述批量插入的方法,但执行效率非常低。因为每次操作时都需要先查询一下数据库,看是否有该数据存在,然后才能操作。这样的操作会大大降低性能,不建议使用这种方法。学习了 HQL 语句后,可以使用 HQL 语句进行批量的更新和删除。

假设需要将 Student 类的年龄全部加上 1,则可以这样做,代码如下:

```
//批处理之更新多条学生记录
public void updateManyStudents()
{
    Session session = HibernateSessionFactory.getSession();
    session.beginTransaction();
    String strHql= "update Student set age =age+1 ";
    int count = session.createQuery(strHql).executeUpdate();
    System.out.println("更行数据库的记录数为: "+count);
    session.getTransaction().commit();
    HibernateSessionFactory.closeSession();
}
```

假设需要把 Student 类对应的记录全部删除,示例如下:

```
//批处理之删除多条学生记录
public void deteteManyStudents()
{
    Session session = HibernateSessionFactory.getSession();
    session.beginTransaction();
    String strHql= "delete Student";
    int count = session.createQuery(strHql).executeUpdate();
    System.out.println("删除数据库的记录数为: "+count);
    session.getTransaction().commit();
    HibernateSessionFactory.closeSession();
}
```

从上面的代码可以看出,这种语法非常类似于 PreparedStatement 的 executeUpdate()语法。实际上,HQL 的这种批量处理就是借鉴了 SQL 语法的 UPDATE 语句。

4.4 本章小结

本章主要讲解了 Hibernate 框架的基本用法。具体内容归纳如下：
- ORM 的基本概念。
- Hibernate 的下载和安装。
- Hibernate 框架的使用流程。
- 持久化类的概念。
- Hibernate 的增删改查操作。
- 关联关系映射。
- Hibernate 的 HQL 查询、条件查询和 SQL 查询。
- Hibernate 的批量处理。

通过本章的学习，应该对 Hibernate 的框架有个整体的理解，并能使用 Hibernate 完成基本的数据库操作。Hibernate 的基本流程、多种关联映射到 HQL 查询，各个部分都是 Hibernate 的重点以及难点，细心体会和理解它们的关系和区别，才能清晰理解并能熟练地使用。

要求能掌握 Hibernate 的配置文件和映射文件的主要作用、多对一关联映射和一对多关联映射的不同、SQL 和 HQL 语句的查询对象等。把其中的关系与联系分析清楚，有利于对 Hibernate 的认识。

要真正掌握 Hibernate 框架，一定要多实践练习，最好能结合具体的项目进行学习。

4.5 习题

1 单选题

(1) 在 Hibernate 主配置文件(hibernate.cfg.xml)中，以下(　　)元素为它的根元素。
　　A. < hibernate-configuration >　　　　B. < session-factory >
　　C. < property >　　　　　　　　　　　D. < hibernate-mapping >

(2) 单向关联映射共有(　　)种关系。
　　A. 1　　　　　　B. 2　　　　　　C. 3　　　　　　D. 4

(3) Hibernate 的 Transaction 接口主要是用于管理事务，它的(　　)方法用于事务的提交。
　　A. isActive()　　　　　　　　　　　B. commit()
　　C. wasCommitted()　　　　　　　　　D. wasRollBack()

(4) 在 Hibernate 的分页中，假设页大小为 5，那么取第 2 页的操作为(　　)。
　　A. setFirstResult(2 * (5-1)) .setMaxResults(2)
　　B. setFirstResult(5 * (2-1)) .setMaxResults(2)
　　C. setFirstResult(5 * (2-1)) .setMaxResults(5)
　　D. setFirstResult(2 * (5-1)) .setMaxResults(5)

2. 填空题

(1) ORM 的含义是(英文全称)_____。

(2) Hibernate 的关联映射中，单向 1-1 的映射配置需要在 many-to-one 元素中增加_____属性即可，用以表示 N 的一端必须唯一。

(3) 单向多对一映射时，Hibernate 的多端映射文件中使用_____元素关联映射实体。

4.6 实验

1. 使用 Hibernate 完成数据的增删改查操作

【实验题目】

创建一个 User 类，使用 Hibernate 对其进行数据库的增删改查操作。

【实验目的】

(1) 掌握 Hibernate 框架的基本配置。

(2) 掌握持久化类的创建和使用。

(3) 掌握 Hibernate 框架的基本用法。

2. Hibernate 的批量处理

【实验题目】

创建一个 User 类，练习 Hibernate 的批量处理。需要完成的内容如下：

(1) 练习 Hibernate 的批量插入。

(2) 练习 Hibernate 的批量更新。

(3) 练习 Hibernate 的批量删除。

【实验目的】

(1) 掌握 Hibernate 的批量处理。

(2) 熟悉一级缓存和二级缓存的概念。

3. Hibernate 和 Struts 2 的整合

【实验题目】

使用 Struts 2 和 Hibernate 框架完成一个用户管理系统，具体要求如下：

(1) 使用 Struts 2 框架创建一个 Web 项目。

(2) 提供用户注册功能，用户注册数据保存到数据库。

(3) 提供用户登录功能(根据数据库的用户名和密码进行匹配)。

【实验目的】

(1) 复习 Struts 2 框架的配置和用法。

(2) 掌握 Struts 2 和 Hibernate 框架整合的流程。

(3) 熟悉负责 Web 项目的基本结构。

第 5 章

Spring框架

5.1 Spring 框架概述

要谈 Spring 的历史,就要先谈 J2EE。J2EE 应用程序的广泛实现是在 1999 年和 2000 年开始的,它的出现带来了诸如事务管理之类的核心中间层概念的标准化,但是在实践中并没有获得绝对的成功,因为开发效率、开发难度和实际的性能都令人失望。

曾经使用过 EJB 开发 J2EE 应用的人,一定知道,对 EJB 开始的学习和应用非常艰苦,很多东西都不能一下子就很容易理解。EJB 要严格地继承各种不同类型的接口,类似的或者重复的代码大量存在。而配置也是复杂和单调,同样使用 JNDI 进行对象查找的代码也是单调而枯燥。虽然有一些开发工作随着 xdoclet 的出现而有所缓解,但是学习 EJB 的高昂代价和极低的开发效率、极高的资源消耗,都造成了 EJB 的使用困难,而 Spring 出现的初衷就是为了解决类似的这些问题。

Spring 一个最大的目的就是使 J2EE 开发更加容易。同时,Spring 之所以与 Struts、Hibernate 等单层框架不同,是因为 Spring 致力于提供一个以统一的、高效的方式构造整个应用,并且可以将单层框架以最佳的组合揉和在一起建立一个连贯的体系。可以说 Spring 是一个提供了更完善开发环境的一个框架,可以为 POJO(Plain Old Java Object)对象提供企业级的服务。

Spring Framework(Spring)是由 Rod Johnson 在著作 *Expert One-on-One J2EE Design and Development* 中阐述的部分理念和原型而开发的 J2EE 应用程序框架。Spring 是 J2EE 应用程序框架,不过,更严格地讲它是针对 Bean 的生命周期进行管理的轻量级容器(Lightweight Container),可以单独利用 Spring 构筑应用程序,也可以和 Struts、Webwork、Tapestry 等众多 Web 应用程序框架组合使用,并且可以与 Swing 等桌面应用程序 API 组合。所以 Spring 并不仅仅只能应用在 J2EE 中,也可以应用在桌面应用及小应用程序中。针对 Spring 开发的组件不需要任何外部库,这也是 Spring 之所以被广泛应用的主要原因之一。

Spring 采用了 IoC 使代码对 Spring 的依赖减少，根据 Web 应用、小应用程序、桌面应用程序的不同，对容器的依赖程度也不同。Spring 将管理的 Bean 作为 POJO(Plain Old Java Object)进行控制，通过 AOP Interceptor 能够增加其他功能。

除 Spring 以外，轻量级容器还有 PicoContainer，对 Bean 的生命周期进行管理的还有 Apache Avalon Project 的 Avalon 等。

5.1.1 Spring 框架简介

Spring 框架由 Rod Johnson 开发，2003 年发布了第一个版本，目前已发展成为 Java EE 开发中最重要的框架之一。Spring 将各组件要使用的服务等通过配置文件注入，减少了代码的开发量，降低了各部分之间的耦合程度，便于开发者进行维护和管理。

Spring 的初衷：

(1) J2EE 应该更加简单。

(2) 使用接口而不是使用类，是更好的编程习惯。Spring 将使用接口的复杂度几乎降低到了零。

(3) 为 JavaBean 提供了一个更好的应用配置框架。

(4) 更多地强调面向对象的设计，而不是现行的技术如 J2EE。

(5) 尽量减少不必要的异常捕捉。

(6) 使应用程序更加容易测试。

Spring 的目标：

(1) 可以令人方便愉快地使用 Spring。

(2) 应用程序代码并不依赖于 Spring APIs。

(3) Spring 不和现有的解决方案竞争，而是致力于将它们融合在一起。

Spring 的基本组成：

(1) 最完善的轻量级核心框架。

(2) 通用的事务管理抽象层。

(3) JDBC 抽象层。

(4) 集成了 Toplink、Hibernate、JDO 和 iBATIS SQL Maps。

(5) AOP 功能。

(6) 灵活的 MVC Web 应用框架。

Spring 致力于 Java EE 各层的解决方案，贯穿表现层、业务层、持久层，为企业的应用开发提供了一个轻量级的解决方案，包括：基于依赖注入的核心机制，基于 AOP 的声明式事务管理，与多种持久层技术的整合，以及优秀的 Web MVC 框架等。

Spring 的优点如下：

(1) 低侵入式设计，代码的污染极低。

(2) 独立于各种应用服务器。

(3) Spring 的 DI 容器降低了业务对象替换的复杂性，提高了组件之间的解耦。

(4) Spring 的 AOP 支持通用任务的集中式管理。

(5) Spring 的 ORM 和 DAO 提供了与第三方持久层框架的良好整合，并简化了底层数据库访问。

(6) Spring 的开放性好，开发者可自由选择 Spring 框架的部分或全部。

Spring 框架相当于一个巨大的工厂，可以把项目中所用到的所有 Java Bean 管理起来，开发者只需要把所用到的 Bean 配置到 Spring 容器中，就可以采用一种统一的方式访问 Bean 的相应功能。Spring 采用反射的方式，在运行时动态地生成相应的 Bean。这种方式极大地解耦了程序，使得程序的可维护性大大提升。

Spring 框架中涉及的两大核心技术是 IoC 和 AOP，其简介如下：

(1) IoC(Inversion of Control，控制反转)，有时也称为依赖注入(Dependcy Injection，DI)对象创建责任的反转，在 Spring 中 BeanFacotory 是 IoC 容器的核心接口，负责实例化、定位、配置应用程序中的对象及建立这些对象间的依赖。XmlBeanFacotory 实现 BeanFactory 接口，通过获取 XML 配置文件数据，组成应用对象及对象间的依赖关系。IoC 的实现是由 Java 的反射机制完成的。

(2) AOP(Aspect Oriented Programming，面向切面编程)。AOP 就是纵向的编程。比如，业务 1 和业务 2 都需要一个共同的操作，与其往每个业务中都添加同样的代码，不如写一遍代码，让两个业务共同使用这段代码。AOP 的实现是由 Java 的动态代理机制完成的。

Spring 中面向切面编程的实现有两种方式：一种是动态代理，另一种是 CGLIB。动态代理必须要提供接口，而 CGLIB 实现是由继承完成的。

5.1.2　Spring 框架的下载和安装

Spring 官方网站：http://www.springsource.org。

Spring 框架可以用于 Java SE 项目，也可以用于 Java EE 项目。对于 Java SE 项目，只需在项目的 classpath 中增加相应的 Spring jar 包即可。对于 Web 项目，只需要如下两个步骤：

(1) 复制所有 jar 包到 Web 项目的 WEB-INF/lib 下。

(2) 将所需的第三方类库文件复制到 Web 项目的 WEB-INF/lib 下。

通常来说，可以使用 Myeclipse 内置的 Spring 框架，这样比较方便快捷。具体操作如下：

(1) 选中项目并右击，选择【Myeclipse】→【Add Spring Capabilities】命令，如图 5-1 所示。

图 5-1　添加 Spring 支持

(2) 在弹出的对话框中，可以根据需要选择 Spring 的功能项，如图 5-2 所示。

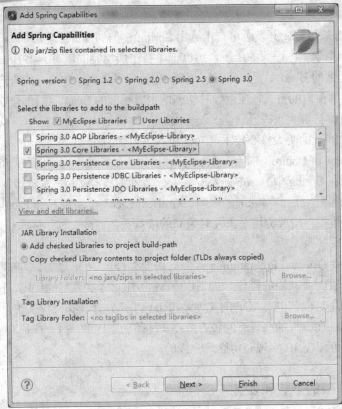

图 5-2 选择 Spring 的功能项

(3) 单击【Finish】按钮后会发现项目中添加了 Spring 配置文件以及所需要的 jar 包,如图 5-3 所示。

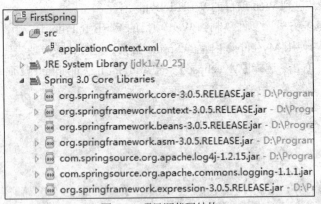

图 5-3 项目源代码结构

通过以上步骤,已经对该项目添加了 Spring 支持,即可在项目中使用 Spring 的基本功能。

5.1.3 Spring 框架的结构图

Spring 框架结构图如图 5-4 所示。

Spring 框架

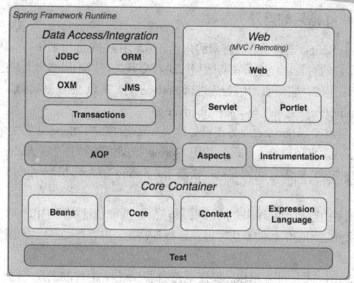

图 5-4 Spring 框架结构图

由图 5-4 中可以看到，Spring 框架主要包括以下几部分内容：

(1) 核心容器。核心容器提供 Spring 框架的基本功能。核心容器的主要组件是 BeanFactory，它是工厂模式的实现。BeanFactory 使用控制反转(IOC)模式将应用程序的配置和依赖性规范与实际的应用程序代码分开。

(2) Spring 上下文。Spring 上下文是一个配置文件，向 Spring 框架提供上下文信息。Spring 上下文包括企业服务，例如 JNDI、EJB、电子邮件、国际化、校验和调度功能等。

(3) Spring AOP。通过配置管理特性，Spring AOP 模块直接将面向切面的编程功能集成到 Spring 框架中。所以，可以很容易地使 Spring 框架管理的任何对象支持 AOP。Spring AOP 模块为基于 Spring 的应用程序中的对象提供了事务管理服务。通过使用 Spring AOP，不用依赖 EJB 组件，就可以将声明性事务管理集成到应用程序中。

(4) Spring DAO。JDBC DAO 抽象层提供了有意义的异常层次结构，可用该结构管理异常处理和不同数据库供应商抛出的错误消息。异常层次结构简化了错误处理，并且极大地降低了需要编写的异常代码数量(例如打开和关闭连接)。Spring DAO 面向 JDBC 的异常遵从通用的 DAO 异常层次结构。

(5) Spring ORM。Spring 框架插入了若干个 ORM 框架，从而提供了 ORM 的对象关系工具，其中包括 JDO、Hibernate 和 iBatis SQL Map，所有这些都遵从 Spring 的通用事务和 DAO 异常层次结构。

(6) Spring Web 模块。Web 上下文模块建立在应用程序上下文模块之上，为基于 Web 的应用程序提供了上下文。所以，Spring 框架支持与 Jakarta Struts 的集成。Web 模块还简化了处理多部分请求以及将请求参数绑定到域对象的工作。

(7) Spring MVC 框架。MVC 框架是一个全功能的构建 Web 应用程序的 MVC 实现。通过策略接口，MVC 框架变成为高度可配置的，MVC 容纳了大量视图技术，其中包括 JSP、Velocity、Tiles、iText 和 POI。

5.1.4 使用 Spring 框架的好处

在 SSH 框架中 Spring 充当了管理容器的角色。通常 Hibernate 用来作持久化层，因为它将 JDBC 做了一个良好的封装，程序员在与数据库进行交互时可以不用书写大量的 SQL 语句。Struts 是用来做应用层的，它负责调用业务逻辑 Serivce 层。所以 SSH 框架的流程大致是：JSP 页面→Struts→Service(业务逻辑处理类)→Hibernate。

其中，Struts 负责控制 Service(业务逻辑处理类)，从而控制了 Service 的生命周期，造成层与层之间的依赖很强，出现耦合。这时，使用 Spring 框架就起到了控制 Action 对象(Strust 中的)和 Service 类的作用，两者之间的关系就松散了，Spring 的 IoC 机制(控制反转和依赖注入)正是用在此处。

控制反转：就是由容器控制程序之间的(依赖)关系，而非传统实现中由程序代码直接操控。

依赖注入：组件之间的依赖关系由容器在运行期决定，由容器动态地将某种依赖关系注入到组件之中。

从上面不难看出，从头到尾 Action 仅仅是充当了 Service 的控制工具，这些具体的业务方法是如何实现的，它根本不会管，也不会问，它只要知道这些业务实现类所提供的方法接口即可。而在以往单独使用 Struts 框架时，所有的业务方法类的生命周期，甚至是一些业务流程都是由 Action 控制的。层与层之间耦合性太紧密了，既降低了数据访问的效率又使业务逻辑看起来很复杂，代码量也很多。Spring 容器控制所有 Action 对象和业务逻辑类的生命周期，由于上层不再控制下层的生命周期，层与层之间实现了完全脱耦，使程序运行起来效率更高，维护起来也方便。

使用 Spring 的第二个好处(AOP 应用)是事务的处理。在以往的 JDBC Template 中事务提交成功后，异常处理都是通过 Try/Catch 完成。而在 Spring 中，Spring 容器集成了 TransactionTemplate，它封装了所有对事务处理的功能，包括异常时事务回滚、操作成功时数据提交等复杂的业务功能。这些由 Spring 容器来管理，大大减少了程序员的代码量，也对事务有了很好的管理控制。Hibernate 中也有对事务的管理，它是通过 SessionFactory 创建和维护 Session 来完成。而 Spring 对 SessionFactory 配置也进行了整合，不需要再通过 hibernate.cfg.xml 来对 SessionaFactory 进行设定。这样的话，就可以很好地利用 Sping 对事务管理的强大功能，避免了每次对数据操作都要获取 Session 实例来启动事务/提交/回滚事务，还有烦琐的 Try/Catch 操作。这些也是 Spring 中的 AOP(面向切面编程)机制很好的应用，一方面使开发业务逻辑更清晰、专业分工更加容易进行；另一方面，应用 Spirng AOP 隔离降低了程序的耦合性，使我们可以在不同的应用中将各个切面结合起来使用，大大提高了代码重用度。

Spring 的核心思想便是 IoC 和 AOP，Spring 本身是一个轻量级容器，和 EJB 容器不同，Spring 的组件就是普通的 Java Bean，这使得单元测试可以不再依赖容器，编写更加容易。Spring 负责管理所有的 Java Bean 组件，同样支持声明式的事务管理。我们只需要编写好 Java Bean 组件，然后将它们"装配"起来即可，组件的初始化和管理均由 Spring 完成，只需在配置文件中声明即可。这种方式最大的优点是各组件的耦合极为松散，并且无须自己实现 Singleton 模式。

5.2 Spring 框架的基本用法

5.2.1 使用 Spring 框架的流程

下面通过一个简单的例子来说明 Spring 容器的工作流程。

1. 编写一个 Java 类 Person

代码如下：

```java
public class Person {
    private String name;
    public void setName(String name) {
        this.name = name;
    }
    public void information() {
        System.out.print("这个人的名字是： " + name);
    }
}
```

这个类中定义了一个 name 属性，并且为这个属性设置了 set()方法。Information()方法输出这个人的名字。可以看出，这是一个很普通的 Java 类。

2. 把 Bean 添加到 Spring 容器中

在 applicationContext.xml 文件中增加如下代码：

```xml
<bean id="p1" class="dps.bean.Person">
    <property name="name" value="张三" />
</bean>
```

在上面的代码中定义了将要被 Spring 容器管理的 JavaBean。

代码中，<bean>指定了 id、class 两个属性。其中 id 属性是用来标识这个 bean，class 属性指定了 bean 的路径。在<bean>标签中含有一个<property>子标签，定义了要被管理的属性。上述代码把 Person 类中属性 name 的值设置为"张三"。

3. 测试

下面来编写一个主程序测试一下，代码如下：

```java
public static void main(String[] args) {
    //读取 Spring 配置文件
    ApplicationContext act =new ClassPathXmlApplicationContext("applicationContext.xml");
    //从 Spring 容器中获取 id 为 p1 的 bean
    Person p1=act.getBean("p1",Person.class);
    p1.information();
}
```

上面代码创建了一个 ApplicationContext 实例,其代表 Spring 容器,它是一个巨大的工厂,可以通过它访问 Spring 容器中的 Bean。

代码中没有直接创建 Person 类的对象,而是从 Spring 容器中获取该类的实例。

4. 运行结果

运行结果如图 5-5 所示。

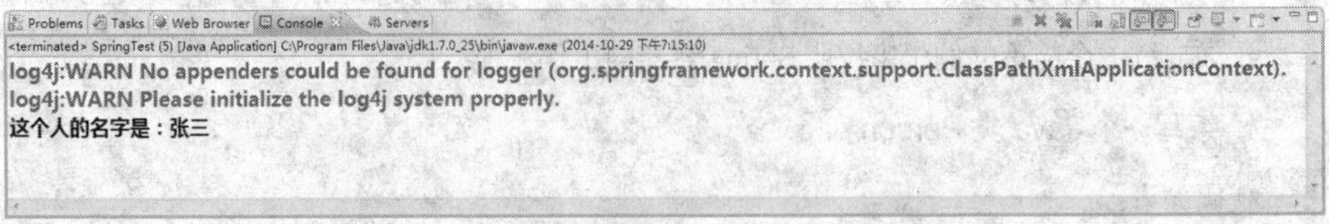

```
log4j:WARN No appenders could be found for logger (org.springframework.context.support.ClassPathXmlApplicationContext).
log4j:WARN Please initialize the log4j system properly.
这个人的名字是:张三
```

图 5-5 控制台中的信息

从图 5-5 可以看出,在配置文件中设置的名字已经显示出来了。

从上述程序可以看出,Spring 程序的使用流程和开发者以前的使用流程大不相同。按照以前的使用流程,当需要一个 Bean 的实例时,可以通过 new 关键字创建一个该实例。使用 Spring 框架后,需要 Bean 实例时,不是直接创建,而是从 Spring 容器中根据 id 创建 Bean。对于 Spring 框架来说,会自动初始化一个 Bean 实例,然后根据 Java 的反射机制,调用相应属性的 set 方法,给属性赋值。此种执行过程称为控制反转(Inverse Of Control),也称依赖注入(Dependcy Injection)。

5.2.2 Spring 框架的使用范围

1. 在 Java SE 项目中使用 Spring 框架

Spring 并不是只能在 Web 应用中使用,它可以在任何的 Java 应用中使用。为普通 Java SE 应用增加 Spring 支持的步骤如下:

(1) 登录 http://www.springsource.org 站点,下载 Spring 的最新稳定版。在最新的版本中,Spring 不再提供 with-dependencies 下载项,因此读者需要下载两个压缩包:spring-framework-XXX.RELEASE-with-docs.zip(Spring 框架及文档)和 spring-framework-XXX.RELEASE-dependencies.zip(Spring 框架的依赖 JAR 包)。其中,XXX 代表对应的版本号。

解压缩 spring-framework-XXX.RELEASE-with-docs.zip,解压缩后得到一个名为 spring-framework-XXX.RELEASE-with-docs.zip 的文件夹,该文件夹下有如下几个子文件夹。

① dist:该文件夹下包含 Spring 的 JAR 包。Spring 不再提供完整的 spring.jar,而是由 20 个分模块的 JAR 包组成,不同的 JAR 包提供不同的功能,这样允许开发者根据不同需要选择不同的 JAR 包。一般来说,图 5-4 中 CoreContainer 对应的 JAR 包是使用 Spring 必需的。

② docs:该文件夹下存放 Spring 的相关文档,包含开发指南、API 参考文档。

③ projects:该文件夹下存放了 Spring 分模块的项目结构,包括项目源代码、Maven 的生成文件、Ant+Ivy 的生成文件。

④ src:该文件夹下包含 Spring 分模块的项目源代码,每个 JAR 包包含一个分模块的项目的源代码。

⑤ 在解压缩后的文件夹下，还包含一些关于 Spring 的 license 和项目相关文件。

(2) 将 dist 目录下所需要模块的 JAR 包复制到项目的 CLASSPATH 路径下。如果需要发布该应用，则将这些 JAR 包一同发布即可。如果没有太多的约束，建议复制 dist 目录下的全部 JAR 包。

(3) 解压缩 spring-framework-XXX-RELEASE-dependencies.zip。该目录下包含了 Spring 框架编译和运行所依赖的第三方类库，具体需要哪些 JAR 文件，取决于应用所用到的项目。通常需要增加 common-logging 等文件夹下的 JAR 文件。因此，这些 JAR 文件也是应用所必须的，通常也需要随应用一同发布。

(4) 为了编译 Java 文件时可以找到 Spring 的基础类，应将 Spring 项目下 dist 目录下相关 JAR 包添加到 CLASSPATH 环境变量。当然，也可使用 Ant 工具，或其他 IDE 工具，则无须添加环境变量。

经过上面 4 个步骤，即可在 Java 应用中使用 Spring 框架。

2. 在 Java EE 项目中使用 Spring

从上面可以看出，为 Java SE 项目中增加 Spring 支持非常简单，只需在应用的 CLASSPATH 中增加 Spring 编译和运行所需的 JAR 文件即可。为了让 Java EE 项目可以使用 Spring 框架，只需要如下两个步骤：

(1) 将 Spring 项目的 dist 路径下的全部 JAR 包复制到 Web 应用的 WEB-INF/lib 路径下。

(2) 将 Spring 的 spring-framework-XXX.RELEASE-dependencies.zip 解压缩路径下所需的第三方类库文件复制到 Web 应用的 WEB-INF/lib 路径下。

经过上面两个步骤，Web 应用中已经获得了 Spring 的支持。

5.2.3　Spring 框架的依赖注入

所谓依赖注入(Dependcy Injection，DI)，是指程序运行过程中，如果需要另一个对象协作时，无须在代码中创建被调用对象，而是通过容器自动创建被调用者对象。Spring 的依赖注入对调用者和被调用者几乎没有任何要求，完全支持对 POJO 之间依赖关系的管理。

依赖注入的意义是：保留抽象接口，让组件依赖于抽象接口。当组件要与其他实际的对象发生依赖关系时，通过抽象接口注入依赖的实际对象。以往设置对象属性都通过 Java 类中的 set()方法实现，而 Spring 则不是如此，它是通过其配置文件设置的。

在依赖注入模式下，创建被调用者的工作不再由调用者完成，所以也称为控制反转。创建被调用者的实例的工作通常由 Spring 容器完成，然后注入调用者。依赖注入的属性类型可以是系统类型，也可以是用户自定义类型。依赖注入有两种方式。

(1) 设置注入：IoC 容器使用属性的 setter()方法来注入被依赖的实例。5.2.1 节介绍的例子实际就是设置注入，不过注入的属性类型是 String 类型。

(2) 构造注入：IoC 容器使用构造器来注入被依赖的实例。

下面以一个稍复杂的例子来分别介绍这两种注入方式(注入的属性类型是用户自定义类型)。

1. 设值注入

假设，人有说话和喝水的功能，人又分为中国人和美国人。则可以定义 IPerson 接口和 ICup

接口，其代码分别如下：

```java
public interface IPerson {
    //说话
    public void sayHello();
    //喝水
    public void drink();
}

public interface ICup {
    //杯子可以装水
    public void fillWater();
}
```

定义两种杯子——纸杯和玻璃杯，代码如下：

```java
//纸杯
public class PaperCup implements ICup {
    //杯子的颜色
    private String color;
    public void setColor(String color) {
        this.color = color;
    }
    @Override
    public void fillWater() {
        System.out.println("使用"+this.color+"颜色的纸杯喝水。");
    }
}

//玻璃杯
public class GlassCup implements ICup {
    //杯子的颜色
    private String color;
    public void setColor(String color) {
        this.color = color;
    }
    @Override
    public void fillWater() {
        System.out.println("使用"+this.color+"颜色的玻璃杯喝水。");
    }
}
```

再定义两种人，中国人和美国人，代码分别如下：

```java
//中国人
public class Chinese implements IPerson{
    private String name;
    private ICup cup;
    public String getName() {
        return name;
    }
```

```java
        public void setName(String name) {
            this.name = name;
        }
        public ICup getCup() {
            return cup;
        }
        public void setCup(ICup cup) {
            this.cup = cup;
        }
        @Override
        public void sayHello()
        {
            System.out.println(name+"说，你好");
        }
        @Override
        public void drink() {
            this.cup.fillWater();
        }
}

//美国人
public class American implements IPerson {
        private String name;
        private ICup cup;
        public String getName() {
            return name;
        }
        public void setName(String name) {
            this.name = name;
        }
        public ICup getCup() {
            return cup;
        }
        public void setCup(ICup cup) {
            this.cup = cup;
        }
        public void sayHello()
        {
            System.out.println(name+"say,hello.");
        }
        @Override
        public void drink() {
            this.cup.fillWater();
        }
}
```

定义设值注入的配置文件，代码如下：

```xml
<bean id="paperCup" class="dps.bean.PaperCup">
    <property name="color" value="白" />
</bean>
<bean id="glassCup" class="dps.bean.GlassCup">
    <property name="color" value="黑" />
```

```xml
</bean>
<bean id="chinese" class="dps.bean.Chinese">
    <property name="name" value="张三" />
    <property name="cup" ref="glassCup"/>
</bean>
```

最后写一个测试程序，代码如下：

```java
public static void main(String[] args) {
    //读取 Spring 配置文件
    ApplicationContext act =new ClassPathXmlApplicationContext("applicationContext.xml");
    //从 Spring 容器中获取 id 为 p1 的 bean
    IPerson chinese=act.getBean("chinese",IPerson.class);
    chinese.sayHello();
    chinese.drink();
}
```

运行结果如图 5-6 所示。从中可以看出，通过设值注入，给对象的属性赋值成功。

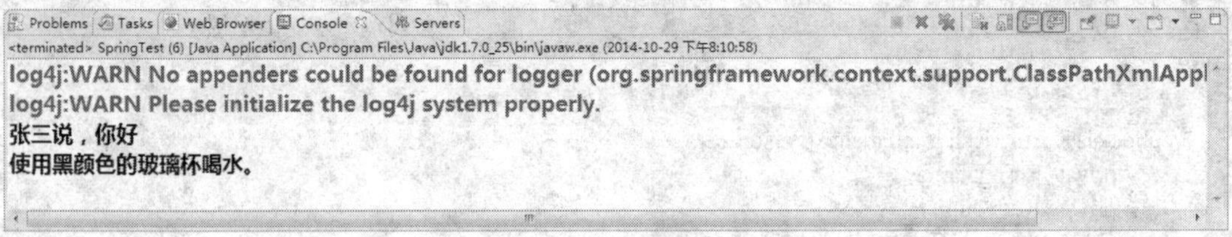

```
<terminated> SpringTest (6) [Java Application] C:\Program Files\Java\jdk1.7.0_25\bin\javaw.exe (2014-10-29 下午8:10:58)
log4j:WARN No appenders could be found for logger (org.springframework.context.support.ClassPathXmlAppl
log4j:WARN Please initialize the log4j system properly.
张三说，你好
使用黑颜色的玻璃杯喝水。
```

图 5-6 控制台中的信息

以上就是设值注入的全部流程，总结如下：

(1) 被依赖的属性需要定义 set()方法。

(2) 配置文件中使用<property>标签。如果是简单属性，使用 value 赋值；如果是复杂属性，使用 ref 赋值。

2. 构造注入

如果采用构造注入，要修改 Chinese 类以及相应的配置文件。修改后的 Chinese 类代码如下：

```java
//中国人
public class Chinese implements IPerson{
    private String name;
    private ICup cup;
    public Chinese()
    {
    }
    public Chinese(String name,ICup c)
    {
        this.name = name;
        this.cup = c;
    }
    @Override
```

```
public void sayHello()
{
    System.out.println(name+"说，你好");
}
@Override
public void drink() {
    this.cup.fillWater();
}
}
```

修改后的配置文件如下：

```
<bean id="paperCup" class="dps.bean.PaperCup">
    <property name="color" value="白" />
</bean>
<bean id="glassCup" class="dps.bean.GlassCup">
    <property name="color" value="黑" />
</bean>

<bean id="chinese" class="dps.bean.Chinese">
    <constructor-arg value="李四" index="0"/>
    <constructor-arg ref="glassCup" index="1"/>
</bean>
```

测试代码不变，运行结果如图 5-7 所示。

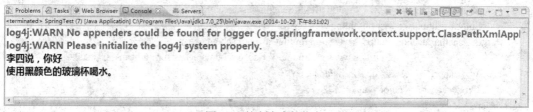

图 5-7　控制台中的信息

介绍完上面的两个例子后，下面对两种注入方式进行简单总结。

(1) 设值注入总结：

① 对于习惯了传统 JavaBean 开发的程序员而言，通过 setter()方法设定依赖关系显得更加直观，更加自然。

② 如果依赖关系(或继承关系)较为复杂，那么构造子注入模式的构造函数也会相当庞大(需要在构造函数中设定所有依赖关系)，此时设值注入模式往往更为简洁。

③ 对于某些第三方类库而言，可能要求组件必须提供一个默认的构造函数(如 Struts 中的 Action)，此时构造注入类型的依赖注入机制就体现出其局限性，难以完成期望的功能。

(2) 构造注入总结：

① "在构造期即创建一个完整、合法的对象"，对于这条 Java 设计原则，构造注入无疑是最好的响应者。

② 避免了烦琐的 setter()方法的编写，所有依赖关系均在构造函数中设定，依赖关系集中呈现，更加易读。

③ 由于没有 setter()方法，依赖关系在构造时由容器一次性设定，因此组件在被创建之后即处于相对"不变"的稳定状态，无须担心上层代码在调用过程中执行 setter()方法对组件依赖关系产生破坏，特别是对于 Singleton 模式的组件而言，这可能对整个系统产生重大的影响。

④ 同样，由于关联关系仅在构造函数中表达，只有组件创建者需要关心组件内部的依赖关系。对调用者而言，组件中的依赖关系处于黑盒之中。对上层屏蔽不必要的信息，也为系统的层次清晰性提供了保证。

⑤ 通过构造注入，意味着可以在构造函数中决定依赖关系的注入顺序，对于一个大量依赖外部服务的组件而言，依赖关系的获得顺序可能非常重要，比如某个依赖关系注入的先决条件是组件的 DataSource 及相关资源已经被设定。

建议采用以设置注入为主、构造注入为辅的注入策略。对于依赖关系无须变化的注入，尽量采用构造注入；而其他的依赖关系的注入，则考虑采用设置注入。

5.2.4 Spring 框架的配置文件

从前面的例子可以看出，Spring 框架默认的配置文件为 applicationContext.xml，该文件一般放在 src 的根目录下，系统可以自动加载该文件。开发者可以在 applicationContext.xml 中定义各种 JavaBean，这些 JavaBean 可以被 Spring 容器统一管理。如下面是一个典型的 applicationContext.xml 的配置内容：

```xml
<?xml version="1.0" encoding="UTF-8"?>
<beans xmlns="http://www.springframework.org/schema/beans"
    xmlns:xsi="http://www.w3.org/2001/XMLSchema-instance"
    xmlns:p="http://www.springframework.org/schema/p"
    xsi:schemaLocation="http://www.springframework.org/schema/beans
                        http://www.springframework.org/schema/beans/spring-beans-3.0.xsd">
<bean id="paperCup" class="dps.bean.PaperCup">
    <property name="color" value="白" />
</bean>
<bean id="glassCup" class="dps.bean.GlassCup">
    <property name="color" value="黑" />
</bean>
<bean id="chinese" class="dps.bean.Chinese">
    <constructor-arg value="李四" index="0"/>
    <constructor-arg ref="glassCup" index="1"/>
</bean>
    <!--其他 Java Bean 的配置-->
</beans>
```

当然，Spring 的配置文件可以重命名，也可以放在其他位置。此时，如果是 Web 项目，就需要在 web.xml 中指明需要加载的配置文件的具体位置，如下面的代码所示：

```xml
<context-param>
  <param-name>contextConfigLocation</param-name>
```

```
    <param-value>
    /WEB-INF/bean.xml,
    /WEB-INF/bean2.xml,
    </param-value>
</context-param>
```

另外,如果是 Web 项目,还需要在 web.xml 文件中添加如下代码:

```
<listener>
<listener-class>
    org.springframework.web.context.ContextLoaderListener</listener-class>
</listener>
```

这样,在 Web 项目启动时,就可以初始化 Spring 容器以及 Spring 容器中相应的 Bean 了,以便项目的其他 Web 组件使用。

如果项目的规模比较大,可以给每个模块创建一个配置文件。这样,编码时逻辑就比较清晰,也更利于项目的可维护性和可扩展性。

5.3 Spring 框架的高级应用

Spring 框架允许开发者使用两种后处理器扩展 IoC 容器,这两种后处理器可以后处理 IoC 容器本身或对容器中所有的 Bean 进行后处理。IoC 容器还提供了 AOP 功能,极好地丰富了 Spring 容器的功能。

5.3.1 Spring 的后处理器

Spring 框架提供了很好的扩展性,除了可以与各种第三方框架良好整合外,其 IoC 容器也允许开发者进行扩展。这种扩展并不是通过实现 BeanFactory 或 ApplicationContext 的子类,而是通过两个后处理器对 IoC 容器进行扩展。所谓后处理器,其实就是通过统一的方式,对功能模块的功能进行增强。下面分别介绍 Spring 的两种常用后处理器。

1. Bean 后处理器

这种后处理器会对容器中特定的 Bean 进行定制,例如功能的加强。

Bean 后处理器必须实现 BeanPostProcessor 接口,这个接口中包含如下两个方法:

- Object postProcessBeforeInitialization(Object bean, String name) throws BeansException:该方法的第一个参数是系统将要后处理的 Bean 实例,第二个参数是该 Bean 实例的名字。
- Object postProcessAfterInitialization(Object bean, String name) throws BeansException:两个参数意义同上。

实现 Bean 后处理器必须实现这两个方法,用于对 Bean 实例实行增强处理,其会在目标 Bean 初始化之前和之后分别被回调。下面来看一个使用 Bean 后处理器增强功能的例子。

首先，定义一个 Bean 后处理器，代码如下：

```java
public class MyBeanPostProcessor implements BeanPostProcessor {
    @Override
    public Object postProcessAfterInitialization(Object bean, String beanName)
            throws BeansException {
        System.out.println("Bean 后处理器在初始化之前对"+beanName+"进行增强处理");
        return bean;
    }
    @Override
    public Object postProcessBeforeInitialization(Object bean, String beanName)
            throws BeansException {
        System.out.println("Bean 后处理器在初始化之后对"+beanName+"进行增强处理");
        //如果该 bean 是 Person 类的实例，则改变其属性值
        if(bean instanceof Person){
            Person p=(Person)bean;
            p.setName("段鹏松");
        }
        return bean;
    }
}
```

然后定义一个 Person 类，并实现 InitializingBean 接口，其代码如下：

```java
public class Person implements InitializingBean {
    private String name;
    public void setName(String name) {
        System.out.println("Spring 执行依赖关系注入------setName 方法");
        this.name = name;
    }
    public Person()
    {
         System.out.println("Spring 实例化 bean :Person bean 实例------Person 构造函数");
    }
    public void information() {
        System.out.print("这个人的名字是： " + name);
    }
    public void init(){
        System.out.println("正在执行初始化 ----------- init 方法");
    }
    @Override
    public void afterPropertiesSet() throws Exception {
        System.out.println("正在执行 ----------- afterPropertiesSet 方法");
    }
}
```

接着，在 applicationContext.xml 文件中配置 Bean 后处理器，其配置方法与普通 Bean 完全一样。但是如果程序无须获取 Bean 后处理器，在配置文件中可以不用为该后处理器指定 id 属性。详细配置文件如下：

```xml
<bean id="p1" class="dps.bean.Person" init-method="init">
    <property name="name" value="张三" />
```

```
</bean>
<!--所有 Bean 的默认后处理器-->
<bean id="beanPostProcessor" class="com.beanPostProcessor.MyBeanPostProcessor"/>
```

最后是测试程序,代码如下:

```
public static void main(String[] args) {
    //读取 Spring 配置文件
    ApplicationContext act =new ClassPathXmlApplicationContext("applicationContext.xml");
    //从 Spring 容器中获取 id 为 p1 的 bean
    Person p1=act.getBean("p1",Person.class);
    p1.information();
}
```

运行结果如图 5-8 所示。可以看出,在初始化方法调用之后,执行了 Bean 后处理器的方法。

```
Spring 实例化bean :Person bean实例------Person构造函数
Spring 执行依赖关系注入------setName方法
Bean后处理器在初始化之后对p1进行增强处理
Spring 执行依赖关系注入------setName方法
正在执行---------- afterPropertiesSet方法
正在执行初始化---------- init方法
Bean后处理器在初始化之前对p1进行增强处理
这个人的名字是:段鹏松
```

图 5-8 控制台中的信息

由于使用了 Bean 后处理器,所以不管 Person bean 如何初始化,总是将其 name 属性设置为"段鹏松"。

2. 容器后处理器

这种后处理器对 IoC 容器进行特定的后处理。Bean 后处理器负责后处理容器生成的所有 Bean,而容器后处理器则负责后处理容器本身。容器后处理器必须实现 BeanFactoryPostProcessor 接口。实现该接口必须实现如下方法:void postProcessBeanFactory(ConfigurableListableBeanFactory beanFactory)。实现该方法的方法就是对 Spring 容器进行处理,这种处理可以对 Spring 容器进行任意的扩展,也可以不对 Spring 容器进行任何处理。

类似于 BeanPostProcessor,ApplicationContext 可自动检测到容器中的容器后处理器,并且自动注册容器后处理器。但若使用 BeanFactory 作为 Spring 容器,则必须手动注册后处理器。

Spring 中提供了以下几个常用的容器后处理器:
- PropertyPlaceholderConfigurer:属性占位符配置器。
- PropertyOverrideConfigurer:重写占位符配置器。
- CustomAutowireConfigurer:自定义自动装配的配置器。
- CustomScopeConfigurer:自定义作用域的配置器。

首先,定义一个容器后处理器类,代码如下:

```
public class MyBeanFactoryPostProcessor implements BeanFactoryPostProcessor {
    @Override
    public void postProcessBeanFactory(ConfigurableListableBeanFactory beanFactory)
```

```
        throws BeansException {
            System.out.println("程序对Spring 所做的BeanFactory 的初始化没有改变");
            System.out.println("spring 的容器是"+beanFactory);
        }
}
```

接着，将上述容器后处理器类配置到 Spring 容器中，具体如下：

```
<bean id="p1" class="dps.bean.Person" init-method="init">
    <property name="name" value="张三" />
</bean>
<!-- 配置容器后处理器 -->
<bean class="com.beanFactoryProcessor.MyBeanFactoryPostProcessor"/>
```

Person 类和测试代码还是使用 Bean 后处理器例子中的相同代码，在此不再赘述。运行测试代码，结果如图 5-9 所示。

图 5-9　控制台中的信息

从运行结果可以看出，由于使用了 ApplicationContext 为 Spring 的容器，Spring 容器后自动搜索容器中实现了 BeanPostProcessor 和 BeanFactoryPostProcessor 接口的类，并将它们注册成为 Bean 或容器后处理器。由于在配置文件中去掉了 Bean 后处理器的配置，所以 Person Bean 的属性值没有改变。

如果有需要，程序可以配置多个容器后处理器，用 order 属性来控制后处理器的执行次序。

5.3.2　Spring 的资源访问

Spring 把所有能记录信息的载体，如各种类型的文件、二进制流等都称为资源。对 Spring 开发者来说，最常用的资源就是 Spring 配置文件(通常是一份 XML 格式的文件)。在 Sun 所提供的标准 API 中，资源访问通常由 java.net.URL 和文件 IO 来完成，尤其是当需要访问来自网络的资源时，通常会选择 URL 类。

Spring 改进了 Java 资源访问的策略，Spring 为资源访问提供了一个 Resource 接口，该接口提供了更强的资源访问能力，Spring 框架本身大量使用了 Resource 来访问底层资源。Resource 接口本身没有提供访问任何底层资源的实现逻辑，针对不同的底层资源，Spring 将会提供不同的 Resource 实现类，不同的实现类负责不同的资源访问逻辑。Resource 接口的实现类如下：

- ➢ UrlResource：访问网络资源的实现类。
- ➢ ClassPathResource：访问类加载路径中资源的实现类。
- ➢ FileSystemResource：访问文件系统中资源的实现类。

- ServletContextResource：访问相对于 ServletContext 路径中资源的实现类。
- InputStreamResource：访问输入流资源的实现类。
- ByteArrayResource：访问字节数组资源的实现类。

这些 Resource 实现类，针对不同的底层资源，提供了相应的资源访问逻辑，并提供便捷的包装，以利于客户端程序的资源访问。Spring 中常用的资源访问类有 ClassPathResource 和 FileSystemResource，下面简单予以介绍。

1. ClassPathResource 类

类 ClassPathResource 用来访问类加载路径下的资源。相对于其他的 Resource 实现类，其主要优势是方便访问类加载路径中的资源。尤其对于 Web 应用，ClassPathResource 可自动搜索位于 WEB-INF/classes 下的资源文件，无须使用绝对路径访问。以下示例使用 ClassPathResource 类访问类加载路径下的 student.xml 文件。

待访问的 student.xml 文件内容如下：

```xml
<?xml version="1.0" encoding="utf-8"?>
<学生列表>
    <学生>
        <姓名>张三</姓名>
        <学号>2012776001</学号>
        <年龄>20</年龄>
    </学生>
    <学生>
        <姓名>李四</姓名>
        <学号>2012776002</学号>
        <年龄>21</年龄>
    </学生>
</学生列表>
```

使用 ClassPathResource 类访问 student.xml 文件的代码如下：

```java
//使用 ClassPathResource 访问资源
public class ClassPathResourceTest
{
    public static void main(String[] args) throws Exception
    {
        //创建一个 Resource 对象，从类加载路径中读取资源
        ClassPathResource cr = new ClassPathResource("student.xml");
        //获取该资源的简单信息
        System.out.println(cr.getFilename());
        System.out.println(cr.getDescription());
        //创建 Dom4j 的解析器
        SAXReader reader = new SAXReader();
        Document doc = reader.read(cr.getFile());
        //获取根元素
        Element el = doc.getRootElement();
        List l = el.elements();
        //遍历根元素的全部子元素
```

```
            for (Iterator it1 = l.iterator();it1.hasNext() ; )
            {
                //获取节点
                Element student = (Element)it1.next();
                List ll = student.elements();
                //遍历每个节点的全部子节点
                for (Iterator it2 = ll.iterator();it2.hasNext() ; )
                {
                    Element eee = (Element)it2.next();
                    System.out.println(eee.getText());
                }
            }
        }
    }
```

运行结果如图 5-10 所示。从中可以看出，已经成功读取到了 XML 文件的内容。

```
student.xml
class path resource [student.xml]
张三
2012776001
20
李四
2012776002
21
```

图 5-10　控制台中的信息

【注意】因为要解析 xml 文件，所以需要添加 dom4j.jar 包。

2. FileSystemResource 类

FileSystemResource 类用于访问文件系统资源。使用 FileSystemResource 访问文件系统资源并没有太大的优势，因为 Java 提供的 File 类也可用于访问文件系统资源。

不过，使用 FileSystemResource 也可消除底层资源访问的差异，程序通过统一的 Resource API 进行资源访问。下面的程序是使用 FileSystemResource 访问文件系统资源的示例程序(访问的仍然是上例中的 student.xml 文件)，代码如下：

```
//使用 FileSystemResource 访问资源
public class ClassPathResourceTest
{
    public static void main(String[] args) throws Exception
    {
        //默认从文件系统的当前路径加载 student.xml 资源
        FileSystemResource fr = new FileSystemResource("student.xml");
        //获取该资源的简单信息
        System.out.println(fr.getFilename());
        System.out.println(fr.getDescription());
        //创建 Dom4j 的解析器
```

```java
            SAXReader reader = new SAXReader();
            Document doc = reader.read(fr.getFile());
            //获取根元素
            Element el = doc.getRootElement();
            List l = el.elements();
            //遍历根元素的全部子元素
            for (Iterator it1 = l.iterator();it1.hasNext() ; )
            {
                //获取节点
                Element student = (Element)it1.next();
                List ll = student.elements();
                //遍历每个节点的全部子节点
                for (Iterator it2 = ll.iterator();it2.hasNext() ; )
                {
                    Element eee = (Element)it2.next();
                    System.out.println(eee.getText());
                }
            }
        }
    }
}
```

运行结果如图 5-11 所示，也成功读取出 XML 文件的内容。

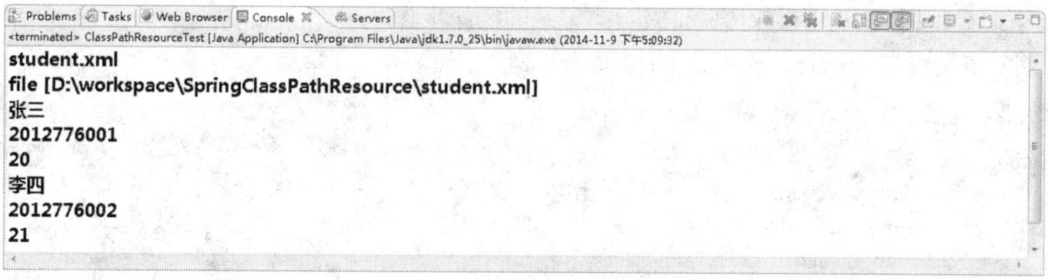

```
student.xml
file [D:\workspace\SpringClassPathResource\student.xml]
张三
2012776001
20
李四
2012776002
21
```

图 5-11 控制台中的信息

【注意】开发者可以根据应用的不同场景，使用不同的资源访问方式。

5.3.3 Spring 的 AOP

AOP(Aspect Oriented Programming)也就是面向切面编程的技术。AOP 基于 IoC 基础，是对 OOP 的有益补充。AOP 是代码之间解耦的一种实现。可以这样理解，面向对象编程是从静态角度考虑程序结构，面向切面编程是从动态角度考虑程序运行过程。AOP 将应用系统分为两部分：

- 核心业务逻辑(Core Business Concerns)。
- 横向的通用逻辑，也就是所谓的切面(Crosscutting Enterprise Concerns)。

例如，所有大中型应用都要涉及的持久化管理(Persistent)、事务管理(Transaction Management)、安全管理(Security)、日志管理(Logging)和调试管理(Debugging)等。

AOP 的底层实现原理实际是 Java 语言的动态代理机制。AOP 代理是由 AOP 框架动态生成一个对象，该对象可作为目标对象使用。AOP 代理包含了目标对象的全部方法，但代理中的方法与目标对象的方法存在差异：AOP 方法在特定切入点添加了增强处理，并回调了目标对象的方法。Spring 的 AOP 通常和 IoC 配合使用，需要程序员参与的有 3 个部分：

- 定义普通业务组件。
- 定义切入点。一个切入点可以横切多个业务组件。
- 定义增强处理。增强处理就是在 AOP 框架为普通业务组件织入的处理动作。

Spring 有如下两种方式来定义切入点和增强处理：

- annotation 配置方式。使用@Aspect、@Pointcut 等 Annotation 标注切入点和增强处理。
- xml 配置方式。使用 xml 配置文件定义切入点和增强处理。

5.3.4 使用 AOP 进行权限验证及日志记录

本节根据介绍一个较复杂的 AOP 应用实例，假设本实例场景如下：
(1) 用户可以执行的操作有两种：read 和 write。
(2) 在执行相应操作之前，会通过 AOP 判断用户的用户名，判断规则如下：
① 如果是 admin，则 read 和 write 操作均可执行。
② 如果是 register，则只能执行 read 操作。
③ 其他用户名，没有任何操作权限。
(3) 用户操作之后，对用户操作行为进行日志记录。
下面是使用 AOP 进行权限验证及日志记录的操作步骤。
(1) 定义用户类 User，代码如下：

```java
//用户类
public class User {
    private String username;
    public String getUsername() {
        return username;
    }
    public void setUsername(String username) {
        this.username = username;
    }
}
```

(2) 定义用户操作的实际接口及其实现类，代码如下：

```java
//真实接口
public interface UserDao {
    void view();
    void modify();
}

//真实接口实现
public class UserDaoImpl implements UserDao {
    public void modify() {
```

```
            System.out.println("执行修改操作");
    }
    public void view() {
            System.out.println("执行查询操作");
    }
}
```

(3) 定义用户操作的代理接口及其实现类，代码如下：

```
//代理接口
public interface UserService {
    void view();
    void modify();
}

//代理接口实现
public class UserServiceImpl implements UserService {
    private UserDao testDao;
    public void setTestDao(UserDao testDao) {
            this.testDao = testDao;
    }
    public void modify() {
            testDao.modify();
    }
    public void view() {
            testDao.view();
    }
}
```

(4) 定义用户操作权限拦截器，代码如下：

```
//权限验证拦截器
public class AuthorityInterceptor implements MethodInterceptor {
    private User user;
    public void setUser(User user) {
            this.user = user;
    }
    public Object invoke(MethodInvocation arg0) throws Throwable {
            System.out.println("==拦截器==权限验证开始======");
            String username = this.user.getUsername();
            String methodName = arg0.getMethod().getName();
            if(!username.equals("admin")&&!username.equals("register"))
            {
                    System.out.println("没有任何执行权限");
                    return null;
            }
            else if(username.equals("register") && methodName.equals("modify"))
            {
                    System.out.println("register 用户没有 write 权限");
                    return null;
            }
```

```
            else
            {
                Object obj = arg0.proceed();
                System.out.println("━━拦截器━━权限验证结束━━━━");
                System.out.println();
                return obj;
            }
        }
    }
```

(5) 定义用户操作日志拦截器，代码如下：

```
//日志记录拦截器
public class LogInterceptor implements MethodInterceptor {
    public Object invoke(MethodInvocation arg0) throws Throwable {
        String methodName = arg0.getMethod().getName();
        Object obj = arg0.proceed();
        System.out.println("━━拦截器━━日志记录： 尝试执行"+methodName+"方法");
        return obj;
    }
}
```

(6) 编辑 Spring 的配置文件，代码如下：

```xml
<?xml version="1.0" encoding="UTF-8"?>
<beans
    xmlns="http://www.springframework.org/schema/beans"
    xmlns:xsi="http://www.w3.org/2001/XMLSchema-instance"
    xsi:schemaLocation="http://www.springframework.org/schema/beans
            http://www.springframework.org/schema/beans/spring-beans-2.5.xsd">
    <!-- 定义三类 User -->
    <bean id = "admin" class="dps.bean.User">
        <property name="username" value="admin"/>
    </bean>
    <bean id = "register" class="dps.bean.User">
        <property name="username" value="register"/>
    </bean>
    <bean id = "other" class="dps.bean.User">
        <property name="username" value="other"/>
    </bean>

    <!-- 目标 bean 定义 -->
    <bean id ="serviceTarget" class="dps.dao.UserDaoImpl" />
    <!-- 日志拦截器定义 -->
    <bean id="logInterceptor" class="dps.interceptor.LogInterceptor"/>
    <!-- 权限验证拦截器定义 -->
    <bean id="authorityInterceptor" class="dps.interceptor.AuthorityInterceptor">
        <property name="user"  ref="other"/>
    </bean>
    <!-- AOP 代理设置 -->
    <bean id="service" class="org.springframework.aop.framework.ProxyFactoryBean">
```

```xml
            <property name="proxyInterfaces" value="dps.dao.UserDao"></property>
            <property name="target" ref="serviceTarget"></property>
            <property name="interceptorNames">
                <list>
                    <value>authorityInterceptor</value>
                    <value>logInterceptor</value>
                </list>
            </property>
        </bean>
        <!-- 供测试端调用的代理 bean 定义-->
        <bean id="test" class="dps.service.UserServiceImpl">
            <property name="testDao" ref="service"></property>
        </bean>
</beans>
```

(7) 定义测试类，代码如下：

```java
//测试代码
public class Client {
    public static void main(String[] args) {
        XmlBeanFactory factory = new XmlBeanFactory(new ClassPathResource("applicationContext.xml"));
        UserService p = (UserService)factory.getBean("test");
        p.view();
        p.modify();
    }
}
```

(8) 运行结果。如果是 admin 用户名操作，由于有查询和修改方法的权限，所以运行结果如图 5-12 所示。

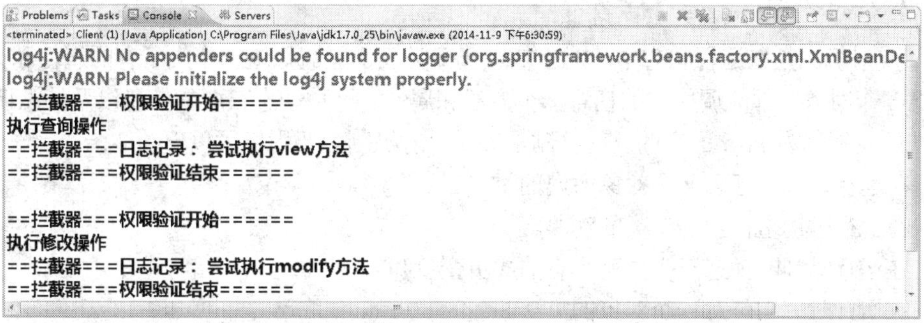

图 5-12 控制台中的信息

如果是 register 用户名操作，仅有查询操作的权限，其运行结果如图 5-13 所示。

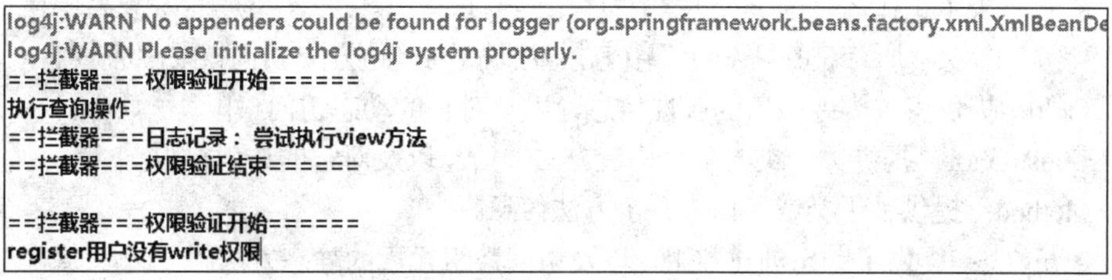

图 5-13 控制台中的信息

如果是 other 用户名操作，其没有任何权限，运行结果如图 5-14 所示。

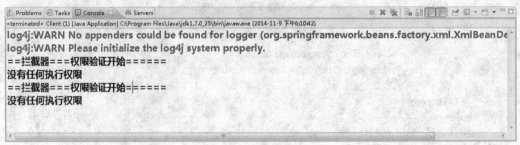

图 5-14 控制台中的信息

从上述代码可以看出，使用了 AOP，相当于是把权限验证、日志记录这两个通用操作通过 Spring 配置文件横切到代码中去。在测试代码中，并不能看到这两个通用操作的显示调用，但是实际上每个操作之前都会调用这两个通用拦截器。通过 AOP，实现了通用操作和业务逻辑的代码解耦，简化了客户端的代码逻辑，更有利于程序的模块化开发和后期的维护操作。

5.4 Java 的反射和代理

IoC 的实现原理是 Java 的反射机制，AOP 的实现原理是 Java 的动态代理。理解 Java 的反射机制和动态代理，可以更深刻地理解 Spring 的运行机制，揭开 Spring 框架的神秘面纱。本节知识作为理解 IoC 和 AOP 的辅助知识，读者可以作为选读内容。

5.4.1 Java 的反射

Java 反射机制是在运行状态中，对于任意一个类，都能够知道这个类所有的属性和方法；对于任意一个对象，都能调用它的任意一个方法和属性。这种动态获取的信息以及动态调用对象的方法的功能称为 Java 语言的反射机制。Java 反射机制主要提供了以下功能：

(1) 在运行时判断任意一个对象所属的类。
(2) 在运行时构造任意一个类的对象。
(3) 在运行时判断任意一个类所具有的成员变量和方法。
(4) 在运行时调用任意一个对象的方法。
(5) 生成动态代理。

在 JDK 中，主要由以下类来实现 Java 反射机制，这些类都位于 java.lang.reflect 包中。

➢ Class：表示正在运行的 Java 应用程序中的类和接口。Class 类是 Java 反射中最重要的一个功能类，所有获取对象的信息(包括方法/属性/构造方法/访问权限)都需要它来实现。
➢ Field：提供有关类或接口的属性信息，以及对它的动态访问权限。
➢ Constructor：提供关于类的单个构造方法的信息以及对它的访问权限。
➢ Method：提供关于类或接口中某个方法信息。
➢ Array 类：提供了动态创建数组，以及访问数组元素的静态方法。

在 java.lang.Object 类中定义了 getClass()方法，因此对于任意一个 Java 对象，都可以通过此方法获得对象的类型。

Class 类是 Reflection API 中的核心类，它有以下方法：

(1) 获得对象的类型。

- getName()：获得类的完整名字。
- getFields()：获得类的 public 类型的属性。
- getDeclaredFields()：获得类的所有属性。
- getMethods()：获得类的 public 类型的方法。
- getDeclaredMethods()：获得类的所有方法。
- getMethod(String name, Class[] parameterTypes)：获得类的特定方法，name 参数指定方法的名字，parameterTypes 参数指定方法的参数类型。
- getConstrutors()：获得类的 public 类型的构造方法。
- getConstrutor(Class[] parameterTypes)：获得类的特定构造方法，parameterTypes 参数指定构造方法的参数类型。
- newInstance()：通过类的不带参数的构造方法创建这个类的一个对象。

(2) 通过默认构造方法创建一个新的对象。

```
Object objectCopy=classType.getConstructor(new Class[]{}).newInstance(new Object[]{});
```

以上代码先调用 Class 类的 getConstructor()方法获得一个 Constructor 对象，它代表默认的构造方法，然后调用 Constructor 对象的 newInstance()方法构造一个实例。

(3) 获得对象的所有属性。

```
Field fields[]=classType.getDeclaredFields();
```

Class 类的 getDeclaredFields()方法返回类的所有属性，包括 public、protected、默认和 private 访问级别的属性。

(4) 获得每个属性相应的 getXxx()和 setXxx()方法，然后执行这些方法，把原来对象的属性复制到新的对象中。典型代码如下：

```
for(int i=0; i    Field field=fields[i];
String fieldName=field.getName();
String firstLetter=fieldName.substring(0,1).toUpperCase();
//获得和属性对应的 getXxx()方法的名字
String getMethodName="get"+firstLetter+fieldName.substring(1);
//获得和属性对应的 setXxx()方法的名字
String setMethodName="set"+firstLetter+fieldName.substring(1);
//获得和属性对应的 getXxx()方法
Method getMethod=classType.getMethod(getMethodName,new Class[]{});
//获得和属性对应的 setXxx()方法
Method setMethod=classType.getMethod(setMethodName,new Class[]{field.getType()});
//调用原对象的 getXxx()方法
Object value=getMethod.invoke(object,new Object[]{});
System.out.println(fieldName+":"+value);
```

```
//调用复制对象的setXxx()方法
setMethod.invoke(objectCopy,new Object[]{value});}
```

Method 类的 invoke(Object obj,Object args[])方法接收的参数必须为对象，如果参数为基本类型数据，必须转换为相应的包装类型的对象。

invoke()方法的返回值总是对象，如果实际被调用的方法的返回类型是基本类型数据，那么 invoke()方法会把它转换为相应的包装类型的对象，再将其返回。

java.lang.Array 类提供了动态创建和访问数组元素的各种静态方法。如下所示代码的 ArrayTester1 类的 main()方法创建了一个长度为 10 的字符串数组，接着把索引位置为 5 的元素设为 hello，然后再读取索引位置为 5 的元素的值：

```java
import java.lang.reflect.*;
public class ArrayTester1 {
    public static void main(String args[])throws Exception {
        Class classType = Class.forName("java.lang.String");
        //创建一个长度为10的字符串数组
        Object array = Array.newInstance(classType, 10);
        //把索引位置为5的元素设为"hello"
        Array.set(array, 5, "hello");
        //读取索引位置为5的元素的值
        String s = (String) Array.get(array, 5);
        System.out.println(s);    }}
```

下面通过一些例子来详细介绍 Java 中反射机制的应用。

【案例 1】通过一个对象获得完整的包名和类名。

```java
package Reflect;
class Demo{
    //other codes...
}
public class Hello {
    public static void main(String[] args) {
        Demo demo=new Demo();
        System.out.println(demo.getClass().getName());
    }
}
```

运行结果如图 5-15 所示。

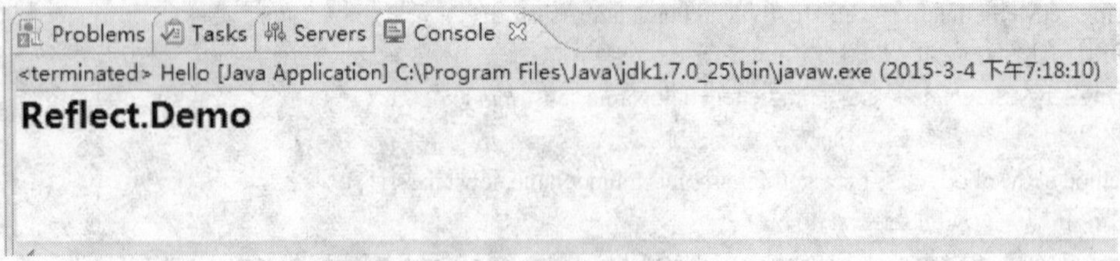

图 5-15 控制台中的信息

从上图可以看出，通过使用 Java 的反射机制，可以在运行过程中获取到对象完成的路径。实际上，在 Java 中，所有类的对象其实都是 Class 的实例。

【案例 2】 实例化 Class 类对象。

```java
package Reflect;
class Demo{
    //other codes...
}
public class Hello {
    public static void main(String[] args) {
        Class<?> demo1=null;
        Class<?> demo2=null;
        Class<?> demo3=null;
        try{
            //一般尽量采用这种形式
            demo1=Class.forName("Reflect.Demo");
        }catch(Exception e){
            e.printStackTrace();
        }
        demo2=new Demo().getClass();
        demo3=Demo.class;
        System.out.println("类名称    "+demo1.getName());
        System.out.println("类名称    "+demo2.getName());
        System.out.println("类名称    "+demo3.getName());
    }
}
```

运行结果如图 5-16 所示。

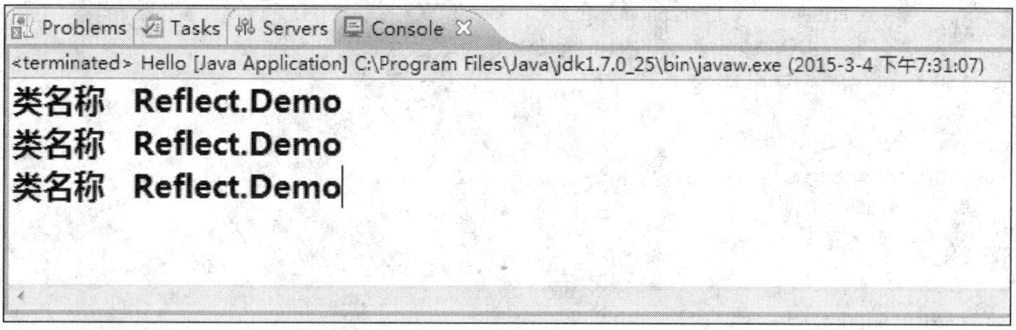

```
类名称    Reflect.Demo
类名称    Reflect.Demo
类名称    Reflect.Demo
```

图 5-16　控制台中的信息

可以看出，每个对象的类名称都是一样，均为 Reflect.Demo。

【案例 3】 通过 Class 实例化其他类的对象。

```java
package Reflect;
class Person{
    public String getName() {
        return name;
    }
    public void setName(String name) {
        this.name = name;
    }
    public int getAge() {
```

```java
            return age;
        }
        public void setAge(int age) {
            this.age = age;
        }
        @Override
        public String toString(){
            return "["+this.name+"    "+this.age+"]";
        }
        private String name;
        private int age;
}
public class Hello {
    public static void main(String[] args) {
        Class<?> demo=null;
        try{
            demo=Class.forName("Reflect.Person");
        }catch (Exception e) {
            e.printStackTrace();
        }
        Person per=null;
        try {
            per=(Person)demo.newInstance();
        } catch (InstantiationException e) {
            // TODO Auto-generated catch block
            e.printStackTrace();
        } catch (IllegalAccessException e) {
            // TODO Auto-generated catch block
            e.printStackTrace();
        }
        per.setName("张三");
        per.setAge(30);
        System.out.println(per);
    }
}
```

运行结果如图 5-17 所示。

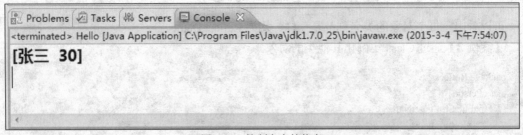

图 5-17 控制台中的信息

从图 5-17 中结果可以看出，虽然没有显式调用 Person 类的构造函数，但是一样实现了对象的初始化操作。

【案例4】修改私有变量的值。

```
package Reflect;
import java.lang.reflect.Field;
class User {
    private String name = "张三";
    public String getName() {
        return name;
    }
}

public class Hello2 {
    public static void main(String[] args) throws Exception {
        User u = new User();
        System.out.println(u.getName());
        Class clazz = User.class;
        Field field = clazz.getDeclaredField("name");
        field.setAccessible(true);
        field.set(u, "李四");
        System.out.println(u.getName());
    }
}
```

运行结果如图 5-18 所示。

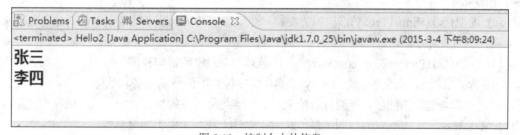

图 5-18　控制台中的信息

从图 5-18 可以看出，虽然属性 name 是类的私有成员变量，并且没有提供 set()方法，但是通过 Java 的反射机制，可以对 name 的值进行修改。

在 Struts 框架、Hibernate 框架和 Spring 框架的源代码中，使用了大量的 Java 反射机制，使得看似不可能完成的事情，得以轻松实现。所以，框架并不神秘，实现框架的技术都是纯粹的 Java 代码。

5.4.2　Java 的代理

代理模式的作用是为其他对象提供一种代理，以控制对这个对象的访问。在某些情况下，一个客户不想直接引用另一个对象，而代理对象可以在客户端和目标对象之间起到中介作用。代理模式一般涉及 3 个角色。

(1) 抽象角色：声明真实对象和代理对象的共同接口。
(2) 代理角色：代理对象内部包含有真实角色的引用，从而可以操作真实角色，同时代理对象与真实对象有相同的接口,能在任何时候代替真实对象,同时代理对象可以在执行真实对象前后加入特定的逻辑以实现功能的扩展。

(3) 真实角色:代理角色所代表的真实对象是我们最终要引用的对象。

代理模式的结构如图 5-19 所示。

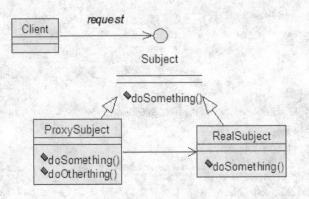

图 5-19 代理模式的结构图

常见的代理包括:

(1) 远程代理(Remote Proxy):对一个位于不同的地址空间对象提供一个局域代表对象,如 RMI 中的 stub。

(2) 虚拟代理(Virtual Proxy):根据需要将一个资源消耗很大或者比较复杂的对象,延迟加载,在真正需要时才创建。

(3) 保护代理(Protect or Access Proxy):控制对一个对象的访问权限。

(4) 智能引用(Smart Reference Proxy):提供比目标对象额外的服务和功能。

通过代理类这一中间层,能够有效控制对实际委托类对象的直接访问,也可以很好地隐藏和保护实际对象,实施不同的控制策略,从而在设计上获得了更大的灵活性。

代理分为静态代理和动态代理,以下分别予以详细介绍。

1. 静态代理

静态代理的典型代码示例如下所示:

```
//静态处理示例
public class StaticProxy {
    public static void main(String[] args) {
        //客户端调用
        RealSubject real = new RealSubject();
        Subject sub = new ProxySubject(real);
        sub.request();
    }
}

//抽象角色:
abstract class Subject {
```

```java
        abstract public void request();
}

//真实角色：实现了 Subject 的 request()方法
class RealSubject extends Subject {
    public RealSubject() {
    }
    public void request() {
        System.out.println("from real subject. ");
    }
}

//代理角色：
class ProxySubject extends Subject {
    //以真实角色作为代理角色的属性
    private Subject realSubject;
    public ProxySubject(Subject realSubject) {
        this.realSubject = realSubject;
    }

    //该方法封装了真实对象的 request()方法
    public void request() {
        preRequest();
        realSubject.request();          //此处执行真实对象的 request()方法
        postRequest();
    }

    public void preRequest() {
        System.out.println("before request");
    }

    public void postRequest() {
        System.out.println("post request");
    }
}
```

运行结果如图 5-20 所示。

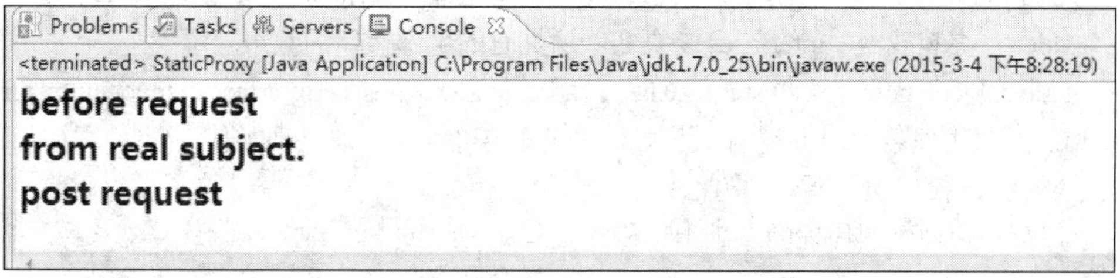

```
before request
from real subject.
post request
```

图 5-20　控制台示意图

由以上代码可以看出，客户实际需要调用的是 RealSubject 类的 request()方法，现在用 ProxySubject 来代理 RealSubject 类可同样达到目的，同时还封装了其他方法(preRequest()、postRequest())，这可以处理一些其他问题，并进行功能的增强处理。

另外，如果要按照上述方法使用代理模式，那么真实角色必须是事先已经存在的，并将其作为代理对象的内部属性。但是实际使用时，如果某一个代理要应用于一批真实角色，每个真实对象必须对应一个代理角色，如果大量使用会导致类的急剧膨胀；此外，如果事先并不知道真实角色，该如何使用编写代理类呢？这个问题可以通过 Java 的动态代理类来解决。

2. 动态代理

所谓 Dynamic Proxy 是这样一种 class：它是在运行时生成的 class，在生成它时必须提供一组 interface 给它，然后该 class 就宣称它实现了这些 interface。可以把该 class 的实例当作这些 interface 中的任何一个来用。当然啦，这个 Dynamic Proxy 其实就是一个 Proxy，它不会替用户做实质性的工作，在生成它的实例时必须提供一个 handler，由它接管实际的工作。动态代理的机构如图 5-21 所示。

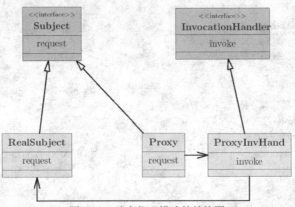

图 5-21 动态代理模式的结构图

Java 动态代理类位于 java.lang.reflect 包下，一般主要涉及以下两个类(接口)：

(1) InvocationHandler：该接口中仅定义了一个方法 Object，invoke(Object obj, Method method, Object[] args)。在实际使用时，第一个参数 obj 一般是指代理类，method 是被代理的方法，如上例中的 request()，args 为该方法的参数数组。这个抽象方法在代理类中动态实现。

(2) Proxy：该类即为动态代理类，作用类似于上例中的 ProxySubject。

- Protected Proxy(InvocationHandler h)：构造函数，估计用于给内部的 h 赋值。
- Static Class getProxyClass(ClassLoader loader, Class[] interfaces)：获得一个代理类，其中 loader 是类装载器，interfaces 是真实类所拥有的全部接口的数组。
- Static Object newProxyInstance(ClassLoader loader, Class[] interfaces, InvocationHandler h)：返回代理类的一个实例，返回后的代理类可以当作被代理类使用(可使用被代理类在 Subject 接口中声明过的方法)。

在上述静态代理示例代理的基础上，修改代码如下：

```
//动态处理示例
import java.lang.reflect.InvocationHandler;
import java.lang.reflect.Method;
import java.lang.reflect.Proxy;

public class DynamicProxy {
```

```java
        static public void main(String[] args) throws Throwable {
            RealSubject rs = new RealSubject();        //在这里指定被代理类
            InvocationHandler ds = new DynamicSubject(rs);
            Class cls = rs.getClass();
            //以下是一次性生成代理
            Subject subject = (Subject) Proxy.newProxyInstance(cls.getClassLoader(), cls.getInterfaces(), ds);
            subject.request();
        }
}

//抽象角色(之前是抽象类，此处应改为接口):
interface Subject {
    abstract public void request();
}

//具体角色 RealSubject:
class RealSubject implements Subject {
    public RealSubject() {
    }
    public void request() {
        System.out.println(" From real subject. ");
    }
}

class DynamicSubject implements InvocationHandler {
    private Object sub;
    public DynamicSubject() {
    }
    public DynamicSubject(Object obj) {
        sub = obj;
    }
    public Object invoke(Object proxy, Method method, Object[] args) throws Throwable {
        System.out.println(" before calling " + method);
        method.invoke(sub, args);
        System.out.println(" after calling " + method);
        return null;
    }
}
```

该代理类的内部属性为 Object 类，实际使用时通过该类的构造函数 Dynamic-Subject(Objectobj) 对其赋值；此外，在该类还实现了 invoke() 方法，该方法中的 method.invoke(sub, args) 其实就是调用被代理对象的将要被执行的方法，方法参数 sub 是实际的被代理对象，args 为执行被代理对象相应操作所需的参数。通过动态代理类，可以在调用之前或之后执行一些相关操作。

运行结果如图 5-22 所示。

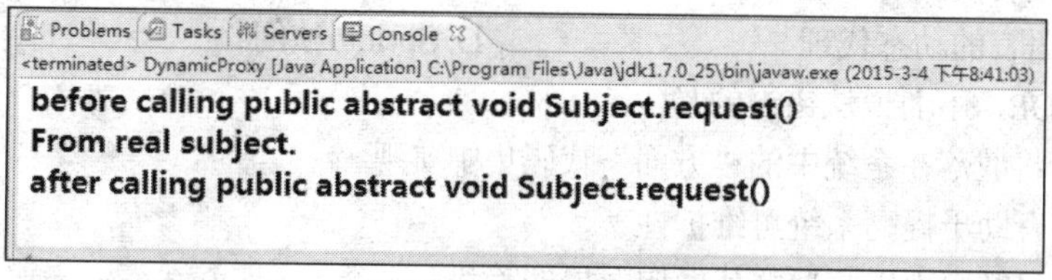

图 5-22 控制台示意图

从图 5-22 可以看出，通过这种方式，被代理的对象(RealSubject)可以在运行时动态改变，需要控制的接口(Subject 接口)可以在运行时改变，控制的方式(DynamicSubject 类)也可以动态改变，从而实现了非常灵活的动态代理关系。

在 Spring 框架的源代码中，尤其是在 AOP 相关的源代码中，使用了大量的动态代理机制，使得 Spring 框架的功能更加强大。

从原理上理解问题，才是最深刻的理解，才能举一反三。

5.5 本章小结

本章首先介绍了 Spring 框架的基础知识，主要内容包括：
- Spring 框架的基本概念。
- Spring 框架的下载和安装。
- Spring 框架的整体结构。
- Spring 框架的使用流程。
- Spring 框架的依赖注入(DI 或 IoC)。

接着介绍了 Spring 框架的高级应用，主要如下：
- Spring 框架的后处理器。
- Spring 框架的资源访问。
- Spring 框架的 AOP。

最后，讲解了一个使用 AOP 来进行全线验证和日志记录的实例。该实例较为复杂，初学者可能较难理解。不过，该实例包含了 Spring AOP 的典型应用，开发者能够掌握最好。

5.6 习题

1. 单选题

(1) Spring 框架默认的配置文件是(　　)。
　A. beans.xml　　　　　　　　　　B. application.xml
　C. applicationContext.xml　　　　D. ApplicationContext.xml

(2) Spring 的依赖注入的实现原理是(　　)。
　A. Java 语言的反射机制　　　　　B. Java 语言的静态代理
　C. Java 语言的动态代理　　　　　D. Spring 独创

(3) 关于 AOP，下面说法错误的是(　　)。
　A. AOP 将散落在系统中的"方面"代码集中实现
　B. AOP 有助于提高系统可维护性
　C. AOP 已经表现出将要替代面向对象的趋势

Spring 框架 05

   D. AOP 是一种设计模式，Spring 提供了一种实现
(4) 在 Spring 的 AOP 中，只有在目标方法成功完成后被置入的增强处理是(　　)。
   A. @After   B. @AfterThrowing
   C. @AfterReturning   D. @Round

2. 填空题

(1) IoC 的含义是(英文全称)_____。
(2) Spring 的后处理器有两种，分别是_____和_____。
(3) Spring AOP 的实现原理是_____。

5.7 实验

1. 使用 Spring 的依赖注入完成模拟砍柴操作

【实验题目】
须完成的内容如下：
(1) 定义一个 IPerson 接口，并且定义若干个实现类。
(2) 定义一个 IAxe 接口，并且定义若干个实现类。
(3) 使用 Spring 的依赖注入完成模拟砍柴操作。

【实验目的】
(1) 掌握 Spring 框架的基本流程。
(2) 掌握 Spring 框架的依赖注入。

2. Spring 后处理器练习

【实验题目】
须完成的内容如下：
(1) 定义一个 Bean，并且做好配置。
(2) 定义一个 Bean 后处理器，对上述 Bean 的功能进行增强。
(3) 定义一个容器后处理器，练习其功能。

【实验目的】
(1) 掌握 Bean 后处理器的定义和使用。
(2) 掌握容器后处理器的定义和使用。

3. 使用 AOP 完成权限验证和日志记录

【实验题目】
在完成 5.3.4 实例的基础上，再要求如下：
(1) 把 User 类的数据使用 Hibernate 持久到数据库中。
(2) 用户操作的日志信息页保存到数据库中。

【实验目的】

(1) 练习 AOP 的基本用法。

(2) 复习 Hibernate 框架的相关知识。

(3) 初步尝试整合 Spring 框架和 Hibernate 框架。

第6章 轻量级整合开发实例

6.1 整合开发概述

在前面的章节中,已经详细讲解了 Struts、Hibernate 和 Spring 框架的具体用法。本章主要讲述如何整合这 3 个框架,以及一些整合过程中的注意事项。

6.1.1 为什么要整合开发

实际 Web 项目中,单独一个框架不能满足项目的全部需求,至少需要两个以上的框架。如果项目的规模不大,可以考虑使用 Struts 和 Hibernate 整合即可;如果项目的规模较大,后期的可扩展性要求较高,就需要 SSH 三个框架齐上阵了。

实际开发中使用的框架不仅仅限于 SSH 这 3 个框架,还有其他很多类似的框架。这些框架有时也需要和 SSH 这 3 个框架中的若干框架进行整合开发。关于这方面,读者可以查询相关资料,本书限于篇幅,在此不再一一说明。

6.1.2 常用的轻量级整合开发

1. Struts 2 和 Hibernate 框架的整合开发

如果项目的规模不是很大,对后期的扩展性要求不是很强烈,可以采用 Struts 和 Hibernate 的整合开发。其中,Struts 主要是负责业务逻辑和前端页面,Hibernate 主要做数据库操作。

2. Struts 2 和 Spring 框架的整合开发

如果 Web 项目没有用到数据库,或者是暂时没有用到数据库,但是又要求后期的可扩展性及维护性较好,可以考虑采用 Struts 和 Spring 的整合开发方式。

3. Hibernate 和 Spring 框架的整合开发

如果不是 Web 项目，但是要求后期的可扩展性和可维护性较好，可以考虑 Hibernate 和 Spring 的整合开发。实际上，Spring 在 Java SE 项目中，仍然可以工作得很好。而 Hibernate 主要负责的是数据库操作，可以适用任何有数据库操作的项目。

4. Struts、Hibernate 和 Spring 框架的整合开发

如果项目的规模较大，对后期的扩展性和可维护性要求较高，最好使用 SSH 三个框架整合的开发模式。这种模式的整合开发目前在各大公司应用的较多，技术成熟度也较高。

下面着重介绍 Struts、Hibernate 及 SSH 的整合流程。

6.2 Struts 和 Hibernate 的整合开发

本节以一个用户管理系统为例来介绍 Struts 和 Hibernate 框架的整合开发流程。该实例包含完整的增删改查操作，初学者可以此实例作为 Struts 和 Hibernate 整合开发的入门实例。

6.2.1 整合开发步骤

整合的步骤总结如下：
(1) 建立一个 Web 项目。
(2) 添加 Struts 的 jar 包，并且在 web.xml 文件中添加 Struts 的过滤器。
(3) 添加 Struts 的配置文件 struts.xml。
(4) 添加 Hibernate 的 jar 包，以及数据库驱动程序的 jar 包。
(5) 添加 Hibernate 的配置文件 hibernate.cfg.xml。
(6) 实体类及其映射文件定义。
(7) Dao 层接口及其实现类定义。
(8) 前台页面创建。
(9) 后台业务逻辑编写。
(10) 项目测试及运行。

经过上述配置之后，即可进行各种业务逻辑的编写。

6.2.2 整合开发实例

按照上述步骤，本节来完成一个 Struts 和 Hibernate 框架整合的简单实例。具体实现步骤如下：

(1) 建立一个 Web 项目，名称为 StrutsHibernate。具体创建过程不再赘述。
(2) 添加 Struts 的 jar 包，并且在 web.xml 文件中添加 Struts 的过滤器。
添加的 Struts 的 jar 包有以下几个(以 Struts 2.3.16 版本为例)：
➢ commons-fileupload-1.3。

- commons-io-2.2。
- commons-lang3-3.1。
- freemarker-2.3.19。
- javassist-3.11.0.GA。
- ognl-3.0.6.jar。
- struts2-core-2.3.16.jar。
- xwork-core-2.3.16.jar。

直接把上述 jar 包复制到 WEB-INf\lib 目录下。

web.xml 文件中添加如下内容：

```xml
<filter>
    <filter-name>struts2</filter-name>
    <filter-class>org.apache.struts2.dispatcher.ng.filter.StrutsPrepareAndExecuteFilter</filter-class>
</filter>
<filter-mapping>
    <filter-name>struts2</filter-name>
    <url-pattern>/*</url-pattern>
</filter-mapping>
```

(3) 添加 Struts 的配置文件 struts.xml，本实例中该文件内容如下：

```xml
<?xml version="1.0" encoding="UTF-8"?>
<!DOCTYPE struts PUBLIC "-//Apache Software Foundation//DTD Struts Configuration 2.1//EN"
                    "http://struts.apache.org/dtds/struts-2.1.dtd">
<struts>
    <package name="jinrong" extends="struts-default" >
        <!-- 用户登录 -->
        <action name="login" class="dps.action.UserAction" method="login">
            <result name="success">/index.jsp</result>
            <result name="input">/Login.jsp</result>
        </action>
        <!-- 用户注册 -->
        <action name="regist" class="dps.action.UserAction" method="regist">
            <result name="success">/Login.jsp</result>
        </action>
        <!-- 列出所有用户 -->
        <action name="listAllUser" class="dps.action.UserAction" method="listAllUser">
            <result name="success">/listAllUser.jsp</result>
        </action>
        <!-- 列出所有用户 分页 -->
        <action name="listAllUserPage" class="dps.action.UserAction" method="listAllUserPage">
            <result name="success">/listAllUser.jsp</result>
        </action>
        <!-- 根据查询条件查询用户 分页 -->
        <action name="searchUser" class="dps.action.UserAction" method="searchUser">
            <result name="success">/listAllUser.jsp</result>
        </action>
        <!-- 到用户修改界面 -->
```

```xml
        <action name="preUpdate" class="dps.action.UserAction" method="preUpdate">
            <result name="success">/update.jsp</result>
        </action>
        <!-- 修改用户 -->
        <action name="update" class="dps.action.UserAction" method="update">
            <result name="success" type="redirectAction">listAllUserPage</result>
        </action>
        <!--删除用户 -->
        <action name="delete" class="dps.action.UserAction" method="delete">
            <result name="success" type="redirectAction">listAllUserPage</result>
        </action>
    </package>
</struts>
```

如果有已做好的项目，可以从其中直接复制该文件过来，再做修改，这样可以加快开发速度。至此，Struts 框架已经配置完成。

(4) 添加 Hibernate 的 jar 包。具体 jar 包如下(以 Hibernate)：
- antlr-2.7.7.jar。
- dom4j-1.6.1.jar。
- hibernate-commons-annotations-4.0.1.Final.jar。
- hibernate-core-4.2.0.Final.jar。
- hibernate-jpa-2.0-api-1.0.1.Final.jar。
- javassist-3.15.0-GA.jar。
- jboss-logging-3.1.0.GA.jar。
- jboss-transaction-api_1.1_spec-1.0.0.Final.jar。

简单起见，可以把 lib\required 目录下所有的 jar 包直接复制到 WEB-INF\lib 下即可。

(5) 添加 Hibernate 的配置文件 hibernate.cfg.xml。本实例中该文件内容如下：

```xml
<?xml version="1.0" encoding="UTF-8"?>
<!DOCTYPE hibernate-configuration PUBLIC
            "-//Hibernate/Hibernate Configuration DTD 3.0//EN"
            "http://hibernate.sourceforge.net/hibernate-configuration-3.0.dtd">
<hibernate-configuration>
    <session-factory>
      <property name="connection.username">root</property>
      <property name="connection.password">kzxkdzt007!</property>
      <property name="connection.url">
            jdbc:mysql://127.0.0.1:3306/myDb
      </property>
      <property name="dialect">
            org.hibernate.dialect.MySQLDialect
      </property>
      <property name="connection.driver_class">
            com.mysql.jdbc.Driver
      </property>
      <property name="myeclipse.connection.profile">
            com.mysql.jdbc.Driver
```

```xml
        </property>
        <property name="show_sql">true</property>
        <property name="hbm2ddl.auto">update</property>
        <property name="format_sql">true</property>
        <mapping resource="dps/bean/User.hbm.xml" />
    </session-factory>
</hibernate-configuration>
```

(6) 实体类及其映射文件定义。本例是一个用户信息管理系统，需定义一个实体类User，具体代码如下：

```java
public class User {
    private Integer uid;
    private String uname;
    private String upassword;
    private Integer uage;
    private Date ubirthday;
    private String ugender;
    //省略构造函数
    //省略属性的get()和set()方法
    @Override
    public boolean equals(Object obj) {
        User u = (User) obj;
        if(u.getUid()==this.uid)
            return true;
        return false;
    }
    @Override
    public String toString() {
        String str = "id = "+uid+"，姓名 = "+uname+"，密码 = "+upassword
                +"，年龄 = "+uage+"，生日 = "+ubirthday+"，性别 = "+ugender;
        return str;
    }
}
```

因为该实体类实例的信息需要持久化到数据库中，所以还需要定义其和数据库的映射文件，具体如下所示：

```xml
<?xml version="1.0" encoding="UTF-8"?>
<!DOCTYPE hibernate-mapping PUBLIC
    "-//Hibernate/Hibernate Mapping DTD 3.0//EN"
    "http://www.hibernate.org/dtd/hibernate-mapping-3.0.dtd">
<hibernate-mapping  package="dps.bean">
    <class name="User"  table="t_user">
        <id name="uid">
            <generator class="native"/>
        </id>
        <property name="uname" column="name" length="20"/>
        <property name="uage" />
        <property name="ubirthday" column="birthday"  type="date"/>
        <property name="ugender"   column="gender" length="1"/>
```

```
            <property name="upassword" length="36"/>
    </class>
</hibernate-mapping>
```

定义完映射文件后，需要把该映射文件添加到到 hibernate.cfg.xml 文件中去。

(7) Dao 层接口及其实现类定义。为了代码的可读性及后期的可维护性，项目开发都会对数据库操作层进行封装。该层为 Data Access Object 层，简称为 Dao 层，一般包含接口和实现类两个。在此，本实例也设置 Dao 层。Dao 接口代码如下：

```java
public interface UserDao {
    //根据 id 查找用户
    public User get(Object uid);
    //修改用户
    public void update(User u);
    //删除用户
    public void delete(User u);
    //添加用户
    public void save(User u);
    //用户登录判断
    public boolean loginCheck(String name,String password);
    //查询所有用户
    public List<User> selectAllUser();
    //查询所有用户--分页
    public List<User> selectAllUserPage(Pager page);
    //得到总记录个数
    public int getTotalRows();
    //根据条件查询用户--分页
    public List<User> searchUserPage(Pager page,String searchType,String searchValue);
    //根据条件得到记录个数
    public int getSearchRows(String searchType,String searchValue);
}
```

Dao 实现类代码如下：

```java
public class UserDaoImpl implements UserDao {
    @Override
    public void save(User u) {
        Session session = HibernateSessionFactory.getSession();
        session.beginTransaction();
        session.save(u);
        session.getTransaction().commit();
        HibernateSessionFactory.closeSession();
    }
    @Override
    public boolean loginCheck(String name, String password) {
        boolean returnValue = false;
        String strHql = "select count(*) from User u where u.uname=:name and" +" u.upassword=:password";
        Session session = HibernateSessionFactory.getSession();
        Object obj = session.createQuery(strHql)
                        .setParameter("name", name)
```

```
                        .setParameter("password", password)
                        .list()
                        .iterator()
                        .next();
            System.out.println("obj ="+obj);
            Long count = obj==null?0:(Long)obj;
            if(count>0) returnValue = true;
            HibernateSessionFactory.closeSession();
            System.out.println("returnValue = "+returnValue);
            return returnValue;
        }
//由于代码较多,其他方法的实现在此不再列出。读者可以参考本书的配套源代码
}
```

为了实现查询数据的分页显示,本实例使用了一个分页插件,位于 dps.page 包下,有兴趣的读者可以参阅。由于该部分内容不是本书重点,在此不再赘述。

(8) 前台页面创建。对于复杂点的项目,一般都会请专业的美工人员先把前台的页面设计好,后台编码人员再进行整合。现如今,网络资源较为丰富,存在大量的免费前台模板,开发者可以参考。本实例在进行前台页面设计时,对登录成功后的主界面使用了 Frame 进行布局,使之更符合用户的操作习惯,代码如下所示:

```
<FRAMESET border=0 frameSpacing=0 rows="60, *" frameBorder=0>
    <FRAME name=header src="header.jsp" frameBorder=0 noResize scrolling=no>
    <FRAMESET cols="15%, *">
        <FRAME name=menu src="menu.htm" frameBorder=0 noResize scrolling=no>
        <FRAMESET rows="10%, *">
            <FRAME name=search src="search.jsp" frameBorder=0 noResize scrolling=no>
            <FRAME name=main src="main.jsp" frameBorder=0 noResize scrolling=auto>
        </FRAMESET>
    </FRAMESET>
</FRAMESET>
<noframes>
```

为了页面显示时的美观,本实例还是用了一些 CSS 文件,具体参考源代码。

(9) 后台业务逻辑编写。前台页面规划布局完后,接着就要开发后台的业务逻辑了。因为使用了 Struts 框架,业务逻辑的执行就放到 Struts 的 Action 中。本实例创建了一个 UserAction 类,部分代码如下:

```
public class UserAction extends ActionSupport {
    private User user;          //用户实体
    private String validateCode;        //登录时的验证码
    private UserDao userDao = new UserDaoImpl();        //数据库操作接口
    private String searchType;          //查询类型
    private String searchValue;         //查询值
    //省略属性的 get()和 set()方法
    //用户登录逻辑
    public String login() throws Exception {
        Object obj = ActionContext.getContext().getSession().get("code");
        String code = obj==null?"":obj.toString();
        if(code.equalsIgnoreCase(this.validateCode))
        {
```

```
                    if(this.userDao.loginCheck(this.user.getUname(), this.user.getUpassword())) 
                    {
                            ActionContext.getContext().getSession().put("user", user);
                                    return SUCCESS;
                    }
                    else
                    {
                                    this.addActionMessage("登录失败，请重新登录");
                    }
            }
            else
            {
                                    this.addActionMessage("校验码错误，请重新输入");
            }
            return INPUT;
    }
    //用户注册逻辑
    public String regist() throws Exception {
            this.userDao.save(this.user);
            this.addActionMessage("注册成功，请登录");
            return SUCCESS;
    }
    //其他 Action 方法的内容请参考随书源代码
}
```

从上述代码可以看出，登录验证时，先判断用户输入的验证码是否正确；如果正确，就从数据中验证用户名和密码是否匹配。

(10) 项目测试及运行。启动 Tomcat 服务器，然后在地址栏输入 http://localhost:8080/StrutsHibernate/Login.jsp 并按【Enter】键，即可显示系统首页，如图 6-1 所示。

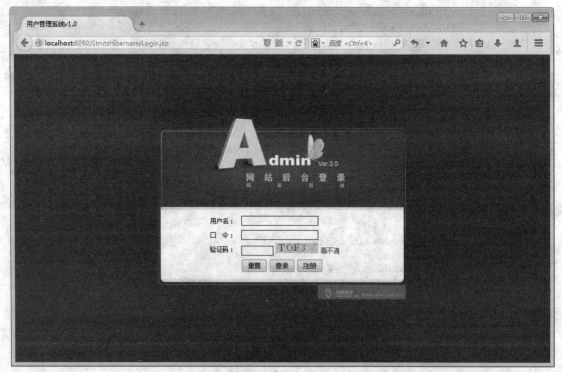

图 6-1　系统首页

图 6-2 所示是用户注册页面。

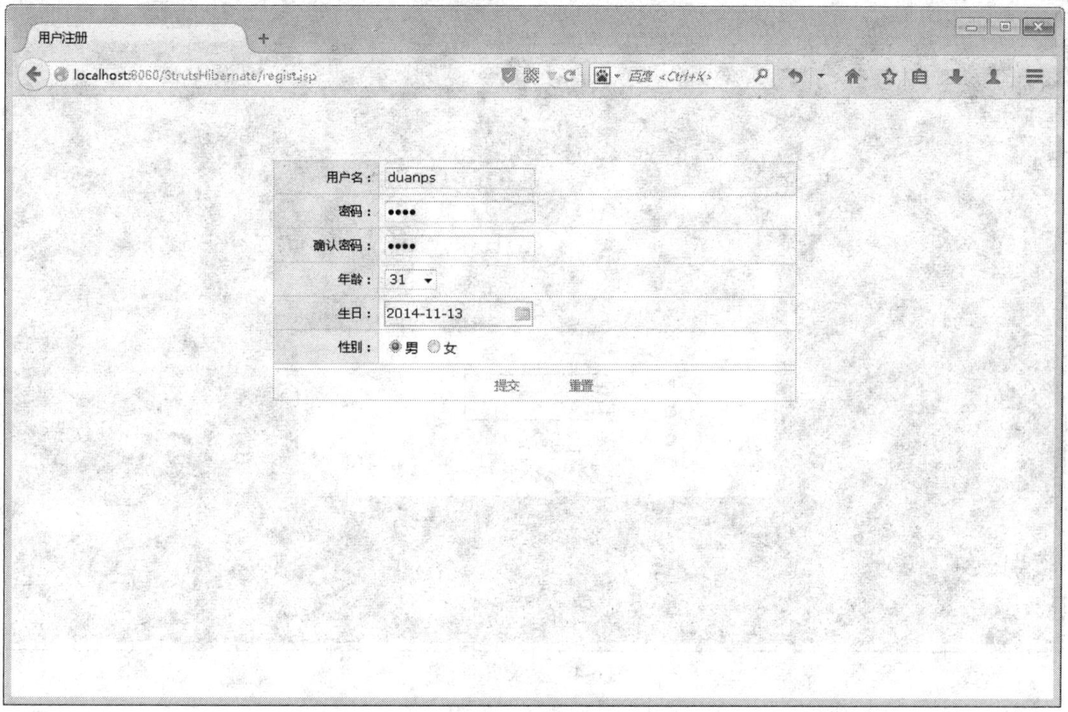

图 6-2 注册页面

注册成功后，数据库 t_user 表中添加了一条记录，如图 6-3 所示。

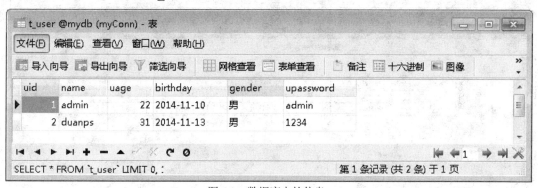

图 6-3 数据库中的信息

图 6-4 所示是用户登录页面。图 6-5 所示是查询所有用户(不分页)页面。图 6-6 所示是查询所有用户(分页)页面。图 6-7 所示是条件查询页面，可以看出，查询采用的是模糊查询。图 6-8 所示的是修改用户信息页面。图 6-9 所示的是删除用户页面。确认删除后，用户 duanps 被删除掉，如图 6-10 所示。

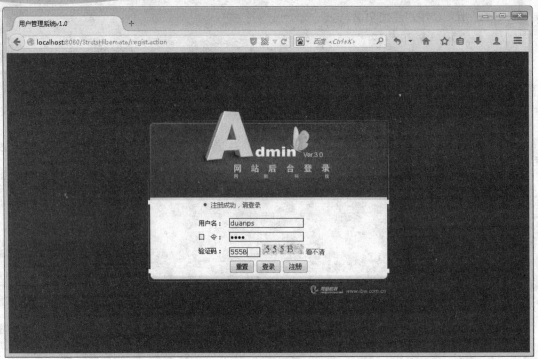

图 6-4 登录页面

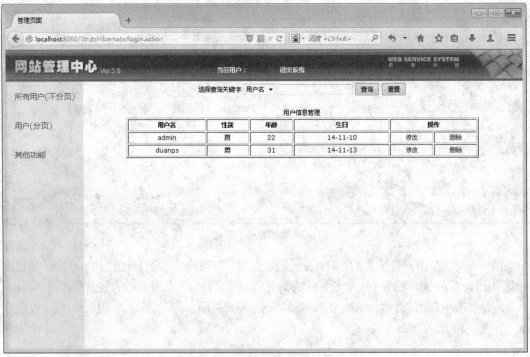

图 6-5 查询所有用户(不分页)页面

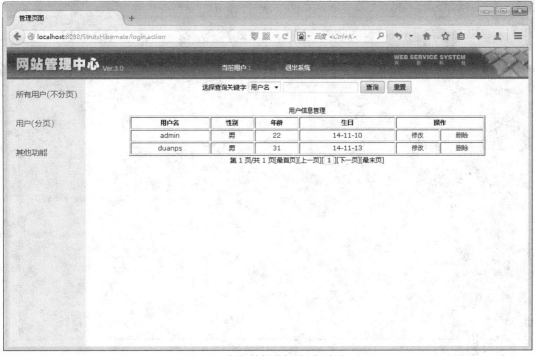

图 6-6　查询所有用户(分页)页面

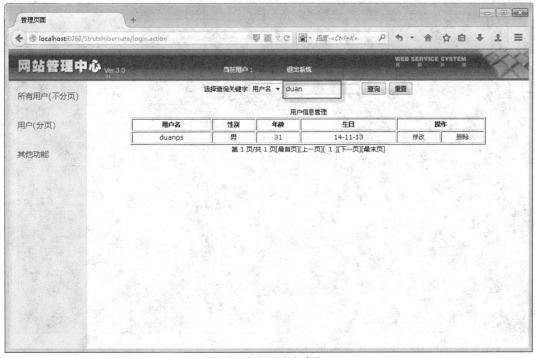

图 6-7　根据用户名查询

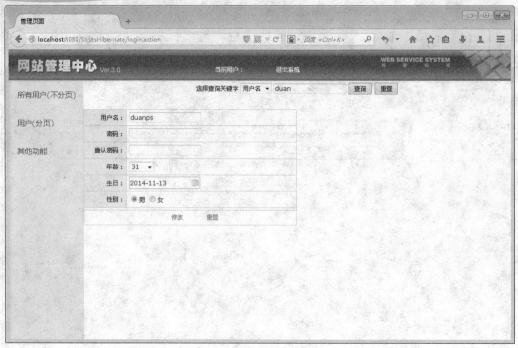

图 6-8　修改用户信息页面

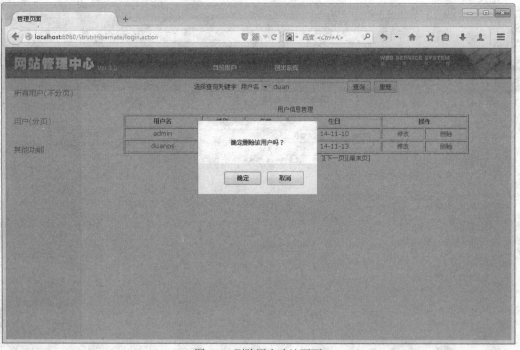

图 6-9　删除用户确认页面

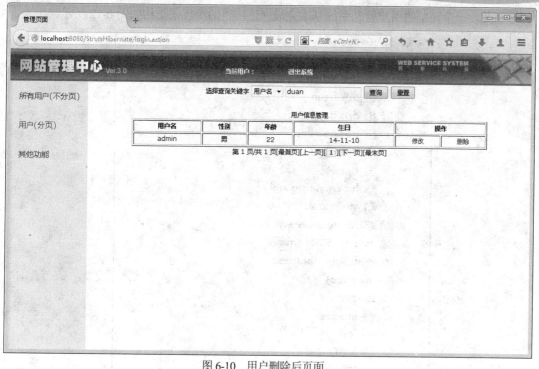

图 6-10　用户删除后页面

图 6-11 所示是退出系统页面。单击页面上部的【退出系统】超链接，可以直接退出系统。

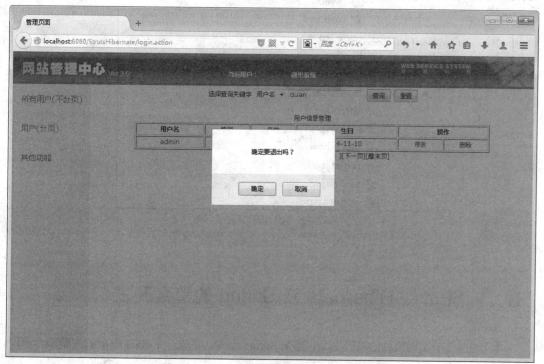

图 6-11　退出系统页面

至此，一个简单的用户管理系统基本完成。该项目的源代码结构如图6-12所示。

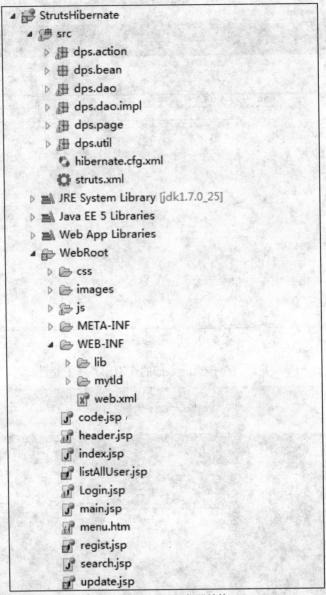

图6-12　项目源代码结构

6.3　Struts、Hibernate 及 Spring 的整合开发

本节在6.2节实例项目的基础之上，添加 Spring 框架，完成一个 SSH 框架的完整整合流程。

6.3.1 整合开发步骤

总体来说，整合的步骤如下：
(1) 整合 Struts 和 Hibernate。
(2) 添加 Spring 的 jar 包及配置文件。
(3) 修改 Dao 层的代码。

6.3.2 整合开发实例

在 6.2 节实例项目的基础上，完成以下步骤。

1. 添加 Spring 的 jar 包及配置文件

因为 Spring 3 和 Hibernate 4 的兼容性有些问题，所以本节的整合使用 Hibernate 3。如果要整合 Struts、Hibernate 和 Spring 这三个框架，所需的 jar 包较多，在此不一一列出，读者可以参考随书源代码。另外，SSH 整合开发时，由于所有的控制都建议放在 Spring 容器中，所以 Hibernate 的配置文件一般可以不用，数据库的相关配置信息都是放在 Spring 的配置文件中的。以下列出该实例 Spring 配置文件的完整内容：

```xml
<?xml version="1.0" encoding="UTF-8"?>
<beans xmlns="http://www.springframework.org/schema/beans"
    xmlns:xsi="http://www.w3.org/2001/XMLSchema-instance"
    xmlns:p="http://www.springframework.org/schema/p"
    xsi:schemaLocation="http://www.springframework.org/schema/beans
                        http://www.springframework.org/schema/beans/spring-beans-3.0.xsd">

    <bean id="dataSource" class="org.apache.commons.dbcp.BasicDataSource" destroy-method="close">
        <property name="driverClassName">
            <value>com.mysql.jdbc.Driver</value>
        </property>
        <property name="url">
            <value>jdbc:mysql://localhost:3306/myDb</value>
        </property>
        <property name="username">
            <value>root</value>
        </property>
        <property name="password">
            <value>admin</value>
        </property>
    </bean>

    <bean id="sessionFactory" class="org.springframework.orm.hibernate3.LocalSessionFactoryBean">
        <property name="dataSource">
            <ref local="dataSource" />
```

```xml
        </property>
        <property name="mappingResources">
            <list>
                <value>dps/bean/User.hbm.xml</value>
            </list>
        </property>
        <property name="hibernateProperties">
            <props>
                <prop key="hibernate.dialect">
                    org.hibernate.dialect.MySQLDialect
                </prop>
                <prop key="hbm2ddl.auto">update</prop>
                <prop key="hibernate.show_sql">true</prop>
                <prop key="format_sql">true</prop>
            </props>
        </property>
    </bean>

    <bean id="userDaoTarget" class="dps.dao.impl.UserDaoImpl">
        <property name="sessionFactory" ref="sessionFactory"></property>
    </bean>

    <bean id="transactionManager" class="org.springframework.orm.hibernate3.HibernateTransactionManager">
        <property name="sessionFactory" ref="sessionFactory"></property>
    </bean>

    <bean id="userService" class="org.springframework.transaction.interceptor.TransactionProxyFactoryBean">
        <property name="target" ref="userDaoTarget"></property>
        <property name="transactionManager" ref="transactionManager"></property>
        <property name="transactionAttributes">
            <props>
                <prop key="find*">PROPAGATION_REQUIRED,readOnly</prop>
                <prop key="*">PROPAGATION_REQUIRED</prop>
            </props>
        </property>
    </bean>

    <!-- Struts 中使用的 Bean -->
    <bean id="userAction" class="dps.action.UserAction">
        <property name="userDao" ref="userService"></property>
    </bean>
</beans>
```

轻量级整合开发实例

从上述文件中可以看出，数据库相关的配置信息全部放入 Spring 的配置文件中了。另外，在配置文件的最后，还定义了一个 Struts 的配置文件中使用的 Bean。该 Bean 的 id 为 userAction，这样 Struts 的配置文件可以修改为：

```xml
<?xml version="1.0" encoding="UTF-8"?>
<!DOCTYPE struts PUBLIC "-//Apache Software Foundation//DTD Struts Configuration 2.1//EN"
                        "http://struts.apache.org/dtds/struts-2.1.dtd">
<struts>
    <package name="myPackage" extends="struts-default" >
       <!-- 用户登录 -->
       <action name="login" class="userAction" method="login">
          <result name="success">/index.jsp</result>
          <result name="input">/Login.jsp</result>
       </action>
       <!--其他 Action 的修改类似，不再赘述 -->
    </package>
</struts>
```

可以看出，配置 Action 的 class 不再是 UserAction 的绝对路径，而是 Spring 配置文件中 id 为 userAction 的 bean。这样，相当于 Spring 把 Struts 的 Action 管理起来了。

2. 修改 Dao 层的代码

Spring 和 Hibernate 整合后，因为一些事务控制全部放到 Spring 的配置文件中了，所以 Dao 层的代码可以非常简化。如原来的 UserDaoImpl 实现类的代码可以修改为：

```java
public class UserDaoImpl extends HibernateDaoSupport implements UserDao {
    @Override
    public void save(User u) {
        this.getHibernateTemplate().save(u);
    }
//其他代码类似，不再一一列出
}
```

可以看出，UserDaoImpl 实现类集成了一个 HibernateDaoSupport 类，该类是 Spring 中提供的一个类，专门为简化 Hibernate 框架的数据库事务控制而设。HibernateDaoSupport 类中有一个成员变量 HibernateTemplate，开发者可以通过 get()方法获取到这个变量，进而进行相应的数据库操作。

6.3.3　整合开发注意事项

在上述的 SSH 整合开发中，还要注意以下 4 个事项：

(1) 注意修改 web.xml 文件。因为是 Web 项目，需要在启动时就初始化 Spring 容器，所以需要在 web.xml 文件中添加如下内容：

```xml
<listener>
  <listener-class>
    org.springframework.web.context.ContextLoaderListener
  </listener-class>
</listener>
```

(2) 需要把 applicationContext.xml 文件放到 WEB-INF 目录下。对于 Web 项目，默认从 WEB-INF 目录下读取 Spring 配置文件。

(3) 添加 struts2-spring-plugin-2.1.6.jar。把 SSH 框架各自必而的 jar 包添加完后，还要添加 struts2-spring-plugin-2.1.6.jar 这个包。这个 jar 包位于 Struts 框架之下。

(4) 整合时的版本问题。由于 SSH 是 3 个独立的开源框架，一些更新可能会不太同步。在整合 SSH 时，一定要选择经过实践验证较为稳定的版本组合，这样才能保证出错的概率最小。

6.4 SSH 整合开发实例：权限管理系统

6.4.1 项目概述

在一些 Web 项目中，经常会使用权限管理系统。最常见的权限管理模式即为基于角色的权限控制系统，英文为 Role Based Access Control，经常简称为 RBAC 权限管理系统。在实际开发中，该部分功能一般来说相对比较独立，如果封装较好的话，可以通用于不同的 Web 项目。

本节介绍的系统即为作者在实际开发项目中使用的一个 RBAC 权限管理系统，其具有较好的通用性。该系统中使用的主要技术和框架如下：

- Struts 2 框架。
- Hibernate 框架。
- JPA 框架。
- Spring MVC 框架。
- Bootstrap 框架。
- Ajax 技术。
- MD5 加密算法。
- 其他前台页面技术。

【注 1】 JPA 是 Sun 公司定义的一组操作数据库的 ORM 规范，其实现可以是 Hibernate 等框架。

【注 2】 Bootstrap 是 Twitter 推出的一个用于前端开发的开源工具包。它由 Twitter 的设计师 Mark Otto 和 Jacob Thornton 合作开发，是一个 CSS/HTML 框架。目前，Bootstrap 最新版本为 Bootstrap 3。

该项目的源代码结构图如图 6-13 所示。

轻量级整合开发实例

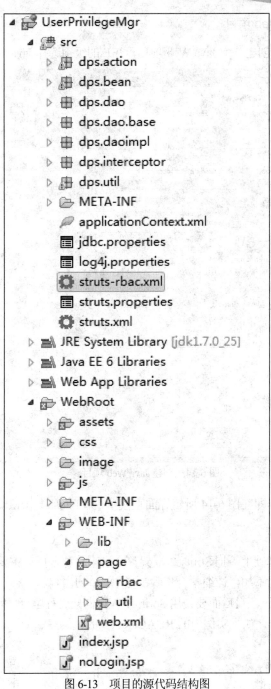

图 6-13 项目的源代码结构图

6.4.2 项目详细创建过程

因为本章前面已经详细介绍了 SSH 框架整合的完整流程，所以本节对于项目的整合步骤不做过多的介绍，而是把重点放在项目的整体布局和业务逻辑的设计部分。

1. 新建一个 Java Web 项目

使用 MyEclipse 工具创建一个 Java Web 项目，J2EE 的级别选择 Java EE 6.0，如图 6-14 所示。

图 6-14　创建 Java Web 项目

后续步骤全部默认，即在图 6-14 所示界面直接单击【Finish】按钮即可。

2. 整合 Struts 2 框架

在前面创建项目的基础上，把 Struts 2 框架整合进来。整合操作主要包括配置文件的建立和 Struts 2 相关 jar 文件的添加，详细整合步骤参考 6.2 节的内容。

需要注意的是，由于该项目后面要使用 Spring MVC 框架进行整合，所以 Struts 2 中的 Action 编写方法和以前不太一样，如本实例中的 RBACAction 的代码写法如下：

```
//@author admin
//封装的 RBAC 权限管理系统所有的操作
@Controller("RBACAction")
public class RBACAction extends ActionSupport {
    //详细代码省略
}
```

该处的@Controller 表示虚拟了一个 Bean，名字为 RBACAction，改名字可以在 Struts 2 的配置文件中直接使用，而且 Spring 容器在 Web 项目启动时会自动初始化该 Bean 类的实例。

3. 整合 Hibernate 框架

整合 Hibernate 框架的详细流程可以参考 6.2 节的相关内容，主要也是相应的配置文件和相关 jar 文件的引入，在此不再赘述。

本项目有 3 个实体，分别是用户、角色和权限。用户和角色是多对多关系，角色和权限也是多对多关系。3 个实体的代码分别如下：

```java
@Entity
@Table(name = "t_user")
public class User implements java.io.Serializable {
    private static final long serialVersionUID = 1L;
    // Fields
    @Id    @GeneratedValue @Column(name = "id")
    private Integer id;
    @Column(name = "parent_id")
    private Integer parentId;
    @Column(name = "user_type")
    private Integer userType;
    @Column(name = "login_name",length=20)
    private String loginName;
    @Column(name = "login_pass",length=50)
    private String loginPass;
    @Column(name = "photo_path",length=150)
    private String photoPath;
    @Column(name = "name",length=20)
    private String name;
    @Column(name = "gender",length=2)
    private String gender;
    @Column(name = "tel",length=30)
    private String tel;
    @Column(name = "create_date")
    private Date createDate;
    @Column(name = "status")
    private Integer status;
    @ManyToMany(cascade=CascadeType.REFRESH, fetch=FetchType.EAGER)
    @JoinTable(name="t_user_role",inverseJoinColumns=@JoinColumn(name="role_id",
            referencedColumnName="id"),
    joinColumns=@JoinColumn(name="user_id",referencedColumnName="id"))
    private Set<Role> roles = new HashSet<Role>();
    //省略 get()和 set()方法
}

@Entity
@Table(name = "t_role")
public class Role implements java.io.Serializable {
    private static final long serialVersionUID = 1L;
    // Fields
    @Id    @GeneratedValue @Column(name = "id")
    private Integer id;
    @Column(name = "name",length = 20)
```

```java
        private String name;
        @Column(name = "comment",length = 100)
        private String comment;
        //该角色所拥有的权限集合
        @ManyToMany(cascade=CascadeType.REFRESH,fetch=FetchType.EAGER)
        @JoinTable(name="t_ps",
                    inverseJoinColumns={@JoinColumn(name="priviledge_id", referencedColumnName="id")},
                    joinColumns=@JoinColumn(name="role_id",referencedColumnName = "id"))
        private List<Privilege> privileges = new ArrayList<Privilege>();
        //该角色对应的用户集合
        @ManyToMany(mappedBy="roles", cascade=CascadeType.REFRESH)
        private Set<User> users = new HashSet<User>();
        //省略 get()和 set()方法
}

@Entity
@Table(name = "t_privilege")
public class Privilege implements java.io.Serializable {
        private static final long serialVersionUID = 1L;
        // Fields
        @Id   @GeneratedValue @Column(name = "id")
        private Integer id;
        //模块 ICON
        @Column(name = "module_icon",length = 20)
        private String moduleIcon;;
        //模块名
        @Column(name = "module",length = 20)
        private String module;
        //新添加的字段
        @Column(name = "right_code",length = 50)
        private String rightCode;
        @Column(name = "right_parent_code",length = 50)
        private String rightParentCode;
        @Column(name = "right_type",length = 20)
        private String rightType;
        @Column(name = "right_text",length = 50)
        private String rightText;
        @Column(name = "right_url",length = 100)
        private String rightUrl;
        @Column(name = "right_tip",length = 50)
        private String rightTip;
        @Transient
        private String isSelected = "";
        @Transient
        private List<Privilege> childRights;          //子权限
        @Transient
        private boolean isParent;
        @ManyToMany(cascade=CascadeType.REFRESH, mappedBy="privileges")
        private Set<Role> roles = new HashSet<Role>();
//省略 get()和 set()方法
}
```

由于实体之间多对多关系的存在，所以会生成相应的中间关联表。其生成数据库的表结构如图 6-15 所示。

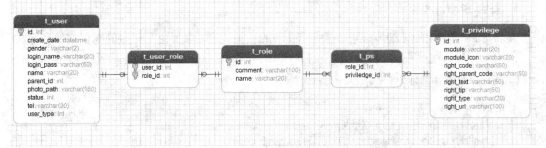

图 6-15　数据库表结构图

根据 6.3 节的内容可以知道，Hibernate 框架和 Spring 框架整合之后，数据库的配置参数一般会放到 Spring 框架的配置文件中。在该项目中，为了后期的可维护性和可移植性，专门创建了一个 jdbc.properties 文件。该文件中配置了数据库连接的主要参数，可以方便后期对数据库参数的修改和调整。其具体内容如下：

```
driverClass=com.mysql.jdbc.Driver
jdbcUrl=jdbc\:mysql\://localhost\:3306/userprivilege?useUnicode\=true&characterEncoding\=UTF-8
user=root
password=root
```

该文件中实际也可以配置数据库连接池等其他数据库连接相关参数，然后在 Spring 的配置文件 applicationContext.xml 中，可以直接引入该文件和该文件中的变量。

另外，由于该项目使用了 JPA 框架，所以需要在项目的 src 目录下创建一个名为 META-INF 的文件夹，然后在该文件夹中创建一个名为 persistence.xml 的文件。persistence.xml 文件的内容如下：

```xml
<?xml version="1.0"?>
<persistence xmlns="http://java.sun.com/xml/ns/persistence"
            xmlns:xsi="http://www.w3.org/2001/XMLSchema-instance"
            xsi:schemaLocation="http://java.sun.com/xml/ns/persistence
                     http://java.sun.com/xml/ns/persistence/persistence_1_0.xsd" version="1.0">
    <persistence-unit name="itcast" transaction-type="RESOURCE_LOCAL">
      <provider>org.hibernate.ejb.HibernatePersistence</provider>
      <properties>
         <property name="hibernate.dialect" value="org.hibernate.dialect.MySQL5Dialect"/>
         <property name="hibernate.max_fetch_depth" value="3"/>
         <property name="hibernate.hbm2ddl.auto" value="update"/>
         <property name="hibernate.jdbc.fetch_size" value="18"/>
         <property name="hibernate.jdbc.batch_size" value="10"/>
         <property name="hibernate.show_sql" value="false"/>
         <property name="hibernate.format_sql" value="false"/>
      </properties>
    </persistence-unit>
</persistence>
```

persistence.xml 文件中主要配置了 JPA 的实现方式。该项目中，JPA 的实现是 Hibernate 框架。JPA 由于只是规范，并且统一了各种 ORM 框架的操作接口，所以比 Hibernate 应用更为广泛。

4. 整合 Spring 框架

整合 Spring 框架的详细流程可以参考 6.3 节的相关内容，主要也是相应的配置文件和相关 jar 文件的引入，在此不再赘述。该项目由于使用了 Spring MVC 框架，所以其配置文件 applicationContext.xml 有所不同。其内容如下：

```xml
<?xml version="1.0" encoding="UTF-8"?>
<beans xmlns="http://www.springframework.org/schema/beans"
    xmlns:xsi="http://www.w3.org/2001/XMLSchema-instance"
    xmlns:p="http://www.springframework.org/schema/p"
    xmlns:context="http://www.springframework.org/schema/context"
    xmlns:aop="http://www.springframework.org/schema/aop"
    xmlns:tx="http://www.springframework.org/schema/tx"
    xsi:schemaLocation="http://www.springframework.org/schema/beans
        http://www.springframework.org/schema/beans/spring-beans-3.0.xsd
        http://www.springframework.org/schema/context
        http://www.springframework.org/schema/context/spring-context-3.0.xsd
        http://www.springframework.org/schema/aop
        http://www.springframework.org/schema/aop/spring-aop-3.0.xsd
        http://www.springframework.org/schema/tx
        http://www.springframework.org/schema/tx/spring-tx-3.0.xsd">
    <!--Spring 容器启动时会扫描该包下所有以@Controller 标记的 java 类，并且将其管理起来-->
    <context:component-scan base-package="dps" />
    <!-- 读取 jdbc.properties 文件的内容-->
    <context:property-placeholder location="classpath:jdbc.properties" />
    <bean id="dataSource" class="com.mchange.v2.c3p0.ComboPooledDataSource" destroy-method="close">
        <property name="driverClass" value="${driverClass}" />
        <property name="jdbcUrl" value="${jdbcUrl}" />
        <property name="user" value="${user}" />
        <property name="password" value="${password}" />
        <!-- 初始化时获取的连接数，取值应在 minPoolSize 与 maxPoolSize 之间。Default: 3 -->
        <property name="initialPoolSize" value="1"/>
        <!-- 连接池中保留的最小连接数。 -->
        <property name="minPoolSize" value="1"/>
        <!-- 连接池中保留的最大连接数。Default: 15 -->
        <property name="maxPoolSize" value="300"/>
        <!-- 最大空闲时间，60 秒内未使用则连接被丢弃。若为 0 则永不丢弃。Default: 0 -->
        <property name="maxIdleTime" value="60"/>
        <!-- 当连接池中的连接耗尽时 c3p0 一次同时获取的连接数。Default: 3 -->
        <property name="acquireIncrement" value="5"/>
        <!-- 每 60 秒检查所有连接池中的空闲连接。Default: 0 -->
        <property name="idleConnectionTestPeriod" value="60"/>
    </bean>
    <bean id="entityManagerFactory" class="org.springframework.orm.jpa.LocalContainerEntityManagerFactoryBean">
        <property name="dataSource" ref="dataSource" />
        <property name="loadTimeWeaver">
            <bean class="org.springframework.instrument.classloading.InstrumentationLoadTimeWeaver" />
```

```xml
        </property>
    </bean>
    <bean id="transactionManager" class="org.springframework.orm.jpa.JpaTransactionManager">
        <property name="entityManagerFactory" ref="entityManagerFactory" />
    </bean>
    <tx:annotation-driven transaction-manager="transactionManager" />
</beans>
```

在上述配置文件中，先扫描项目中 dps 包下面的所有类，Spring 容器会把这些类中带 @Controller 标识的统一管理起来；然后读取 jdbc.properties 文件中的相关内容，让数据库配置尽可能地独立；最后是一些 Spring 框架和 JPA 框架整合的相关配置。

5. 整合 Bootstrap 框架

Bootstrap 是一种应用非常广泛的前端框架，并且兼容移动终端的界面设计。在本项目中，整合 Bootstrap 框架的过程非常简单，只需把文件夹 assets 复制到项目的 WebRoot 根目录下，即可在 JSP 页面中调用 Bootstrap 强大的界面控制功能。

6. 系统初始化

对于权限管理系统来说，在使用之前，必须对系统进行初始化。初始化的内容包括：
- 系统权限的导入。
- 默认角色的创建。
- 默认用户的创建。

在本项目中，专门创建了一个完成初始化工作的 Action，其代码示意如下：

```java
//初始化 (此 Action 是在系统安装完后执行)
@Controller("initAction")
public class SystemInitAction extends ActionSupport {
    private static final long serialVersionUID = 1L;
    @Resource IPrivilegeDao iPrivilegeDao;
    @Resource IRoleDao iRoleDao;
    @Resource IUserDao iUserDao;
    //系统初始化
    public String init() {
        System.out.println("开始初始化系统");
        //初始化系统权限
        initSystemPrivilege();
        //初始化权限组(角色)
        initPrivilegeGroup();
        //设置后台管理员账号
        initAdmin();
        //初始化系统权限
        message = "系统初始化完成";
        urladdress = "rbacLoginUI";
        return SUCCESS;
    }
}
```

7. 添加默认拦截器

为了防止用户没有成功登录就非法进入系统，本系统采取了两层防御措施：

(1) 把所有的 JSP 文件都放入 WEB-INF 下面，如图 6-16 所示。

图 6-16　JSP 页面位置图

由于 WEB-INF 是一个受保护的路径，不能通过浏览器直接访问，所以把页面文件放入 WEB-INF 后，就可以防止用户直接在地址栏输入 JSP 文件的名字进行非法访问。

(2) 使用默认拦截器。虽然把所有的 JSP 文件都放入 WEB-INF 下面的方法可以防止用户直接在地址栏输入 JSP 文件名直接访问，但是不能防止用户在地址栏直接输入 Action 名非法访问。为此，在此考虑添加一个登录判断的拦截器，并且把该拦截器作为系统的默认拦截器。该拦截器的实现原理就是通过判断 Session 中相应参数的值来判断用户是否已经登录。该拦截器的代码如下：

```
@Override
public String intercept(ActionInvocation arg0) throws Exception {
    Object obj = ActionContext.getContext().getSession().get("user");
    if(obj!=null)
    {
        System.out.println("拦截器执行，已经登录");
        return arg0.invoke();
    }
    else
    {
        System.out.println("拦截器执行，没有登录");
```

```
                return "g_login";//返回全局 result，跳转到首页
        }
}
```

在 Struts 2 中配置默认拦截器相关的配置如下：

```
<!-- 默认拦截器定义 -->
<interceptors>
        <interceptor name="checkLogin" class="dps.interceptor.LoginInterceptor" />
                <interceptor-stack name="loginInterceptor">
                        <interceptor-ref name="defaultStack" />
                        <interceptor-ref name="checkLogin" />
                </interceptor-stack>
</interceptors>
<!-- 默认拦截器配置 -->
<default-interceptor-ref name="loginInterceptor" />
<!-- 全局 result -->
<global-results>
        <result name="g_login">/noLogin.jsp</result>
</global-results>
```

8．项目部署运行

启动 Web 服务器后，在地址栏中输入 http://localhost:8080/UserPrivilegeMgr/init 执行系统的初始化，如图 6-17 所示。初始化主要是完成系统权限的添加、默认系统管理员的初始化、默认角色的初始化等操作。

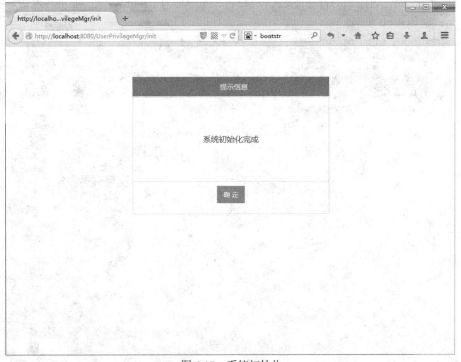

图 6-17　系统初始化

在图 6-17 中单击【确定】按钮后,即可转入登录页面,如图 6-18 所示。

图 6-18　登录页面

首先,以初始化时添加的管理员账号(用户名和密码均为 admin)登录,即可转入管理员操作的主界面,如图 6-19 所示。

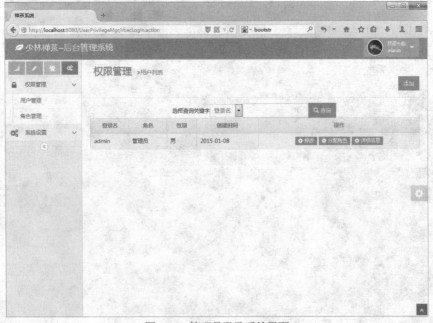

图 6-19　管理员登录后的界面

管理员具有添加用户的权限，图 6-20 所示是添加用户界面。在添加用户界面中，带有必填信息的校验是使用 JavaScript 技术实现的，有兴趣的读者可以参考随书源代码。

图 6-20　添加用户界面

所有信息校验通过后，单击【确定】按钮，即可成功添加一条用户信息，如图 6-21 所示。

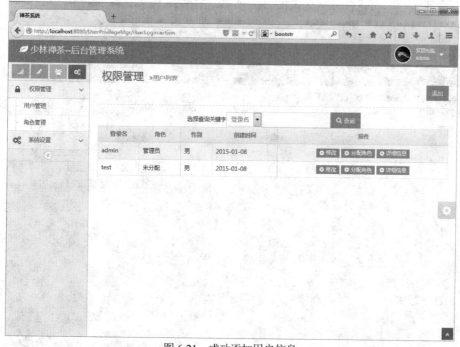

图 6-21　成功添加用户信息

添加用户后，该用户并没有任何角色，管理员需要给该用户分配角色。如图 6-22 所示，给该用户分配了一个"普通用户"的角色。

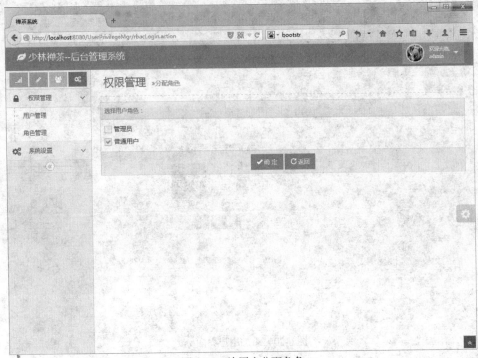

图 6-22　给用户分配角色

如图 6-23 所示，已经成功给该用户分配了"普通用户"的角色。

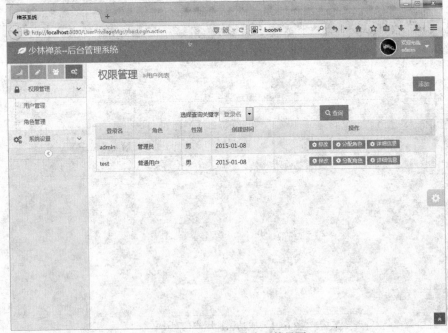

图 6-23　分配用户信息后的界面

管理员可以对角色进行管理，如图 6-24 所示。

图 6-24　用户角色管理界面

角色实际是一组权限的集合。管理员创建角色时，需要给该角色指定相应的权限，如图 6-25 所示。

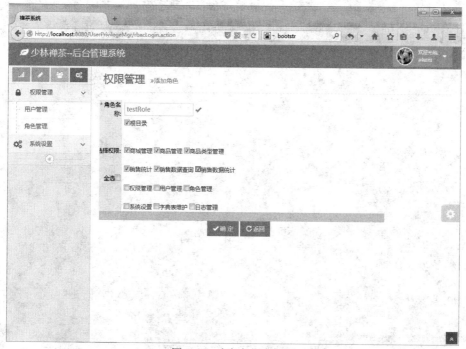

图 6-25　为角色指定权限

如图 6-26 所示，成功创建了一个名为 testRole 的角色。

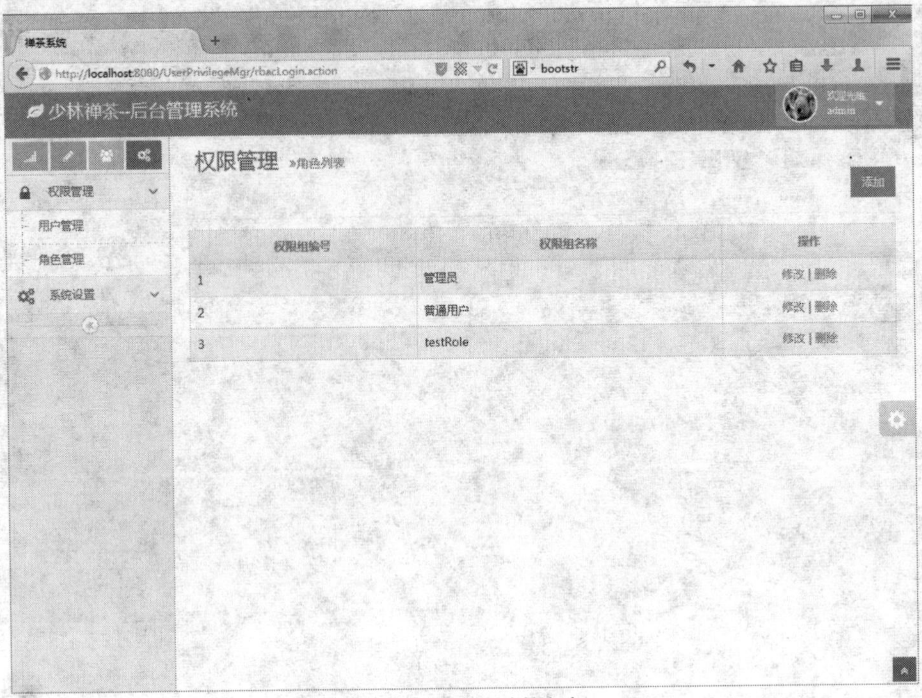

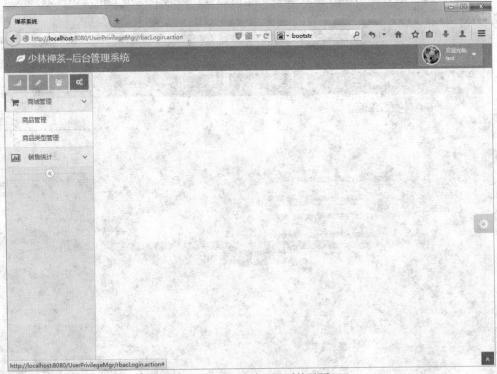

图 6-26　创建成功的角色

退出系统后，以刚才添加的普通用户身份登录，显示如图 6-27 所示的界面。

图 6-27　普通用户登录后的界面

从图 6-27 可以看出，由于普通用户对应的角色具有"商品管理"和"销售统计"的权限，所以其登录后在左侧动态地生成了相应的菜单项。

6.4.3 项目小结

由于该项目的代码较多，教材篇幅有限，在此不再一一列出。感兴趣的读者可以参考随书相应源代码。

该项目是一个综合性较强的项目，读者在掌握 SSH 框架的基础知识之后，可以深入研究该项目，再扩展该项目，相信一定会有很大的收获。

6.5 轻量级整合和经典整合的区别

轻量级整合和经典整合的区别主要是所使用的 Web 服务器不同。

轻量级整合开发，通常指的是使用 Struts、Hibernate 和 Spring 这 3 个框架进行的整合开发。其常用的 Web 服务器有 Tomcat 等，由于运行 SSH 整合应用的 Web 服务器运行所占系统资源较少，一般应用快速移植较为方便。这也是目前应用最为广泛的一种开发模式。

经典整合主要是指使用 JSF+JPA+EJB 这 3 个框架进行的开发，因为要使用到 EJB，所以要求运行的 Web 服务器要包含 EJB 容器，其常用的服务器主要有 WebLogic、JBoss、WebSphere 等。一般来说，这些服务器运行时所占的资源较多，显得较为笨重，不便于应用的快速移植。

6.6 本章小结

本章主要讲述了常见的整合开发模式，具体如下：
- Struts 和 Hibernate 的整合开发。
- Struts、Hibernate 和 Spring 的整合开发。

对于每个整合开发，都进行了详细的步骤讲解。开发者可以根据实际项目的需求和规模，选择一种最合适的整合开发模式。

在本节的最后，对轻量级整合和经典整合的区别进行了简单对比。

6.7 习题

单选题

(1) 进行 SSH 整合开发时，Spring 的配置文件应该放在(　　)目录下。
　　A. src　　　　　　　B. 用户自定义包　　　　C. WEB-INF　　　　D. WEB_INF

(2) 下面关于 Struts 2、Hibernate 以及 Spring 整合说法，正确的是(   )。
    A. 当我们将 Hiberntae 和 Spring 集成后，不需要将操作 Hibernate 的 DAO 配置在 Spring 容器中
    B. 将 Struts 2、Hibernate 与 Spring 集成后，Hibernate 的配置文件 hibernate.cfg.xml 可以不用再保留，而在 Spring 中进行配置
    C. 所有 Spring 中的配置信息必须放到 applicationContext.xml 中
    D. 当我们将 Struts、Hibernate 以及 Spring 整合在一起时，Spring 只能管理 Hibernate 操作数据库的事务，并不能管理应用程序中关于业务操作的事务

6.8 实验

【实验题目】

使用 SSH 整合开发，完成一个简单的酒店客房管理系统，要求具有以下功能：

(1) 旅客注册后，可以预定酒店的客房。

(2) 酒店管理人员查看酒店的入住情况。

【实验目的】

(1) 掌握 SSH 整合的流程。

(2) 掌握 Java Web 相关技术的综合应用。

第 7 章 Java Web开发常见问题

本章针对各个框架在使用过程中，经常出现的一些问题进行分析和总结，并提出相应的解决方案。读者在开发中如果遇到类似的问题，可以此章作为参考。

7.1 Struts 2 框架常见问题

7.1.1 核心过滤器的配置

对于一个完整的 Web 项目来说，web.xml 文件是一个全局性的配置文件。如果想把正常的 Web 程序执行流程引导入 Struts 框架，就必须在 web.xml 文件中添加过滤器，代码如下：

```xml
<!-- 添加 Struts2 的过滤器，对于不同版本的 Struts，filter-class 可能不同 -->
<filter>
    <filter-name>struts2</filter-name>
    <filter-class>
        org.apache.struts2.dispatcher.ng.filter.StrutsPrepareAndExecuteFilter
    </filter-class>
</filter>
<filter-mapping>
    <filter-name>struts2</filter-name>
    <url-pattern>/*</url-pattern>
</filter-mapping>
```

经过上述过滤器的添加，正常的 Web 流程就转入到 Struts 框架之内，配置的一系列 Action 等之类的文件即可进行识别。

7.1.2 Web 页面中文乱码问题

在任何项目中,中文乱码问题都是一个不可忽视的问题。如果在使用 Struts 框架的项目中出现乱码问题,可以从以下几个方面逐一核查。

1. JSP 页面的编码

JSP 页面是用户输入的第一现场,其编码设置是非常重要的。如果要识别中文,则其编码一般可以设置为 GBK、GB2312 或 UTF-8。从通用性的角度出发,UTF-8 能够识别的字符集更多一些。所以,一般建议 JSP 页面的编码设置为 UTF-8,典型的设置代码如下所示:

```
<%@ page language="java" contentType="text/html; charset=UTF-8" pageEncoding="UTF-8"%>
<%@taglib prefix="s" uri="/struts-tags" %>
<!DOCTYPE html PUBLIC "-//W3C//DTD HTML 4.01 Transitional//EN"
                "http://www.w3.org/TR/html4/loose.dtd">
<html>
<head>
    <meta http-equiv="Content-Type" content="text/html; charset=UTF-8">
    <title>my title</title>
</head>
其他内容省略
</html>
```

2. 所使用的 Web 服务器的编码

根据 Servlet 的原理可以知道,JSP 是编译性的动态页面技术。Web 项目部署到 Web 服务器后,JSP 页面会在 Web 服务器中生成对应的 Java 文件。客户端访问 JSP 页面,实际上是访问该 JSP 页面对应 Java 类的实例。所以,Web 服务器的编码设置如果不合适,也可能会出现乱码。以 Tomcat 为例,可以在 conf\server.xml 文件中进行如下设置:

```
<Connector port="8080" protocol="HTTP/1.1" connectionTimeout="20000"    redirectPort="8443"
        useBodyEncodingForURI="true" URIEncoding="UTF-8" />
```

7.2 Hibernate 框架常见问题

7.2.1 MySql 服务不能启动

MySql 安装完毕后,有一个比较常见的错误,就是配置最后阶段不能是 Start Service。尤其是在以前安装过 mysql 的计算机,此问题出现频次较高。

解决的办法是,先保证以前安装的 MySql 服务器彻底卸载。不行的话,检查安装过程中是否正确操作,之前的密码是否输入正确;如果依然不行,可以将 MySql 安装目录下的 data 文件夹备份,然后删除 MySql 文件夹中的全部内容。再次安装完成后,将安装生成的 data 文件夹删除,再将备份的 data 文件夹移回来,再重启 MySql 服务即可。这种情况下,可能需要检查一下数据库,然后修复一次,防止数据出错。

7.2.2　MySql 数据库乱码问题

此处以 MySql 为例介绍，其他数据库也是同样的操作。

初学者使用 Hibernate 操作数据库时，经常会出现中文乱码。出现乱码的原因绝大多数情况是数据库的编码和程序的编码不一致，并且其中一方不支持中文造成的。具体解决方案如下：

(1) 创建数据库时使用 utf-8 编码。如果是在 MySql 的命令行客户端创建数据库，则使用如下命令：

CREATE DATABASE `dbname` DEFAULT CHARACTER SET utf8 COLLATE utf8_ general_ci

如果在 navicat for Mysql 可视化客户端创建数据库，如图 7-1 所示。

图 7-1　设置数据库编码

(2) 修改 MySql 安装路径下的配置文件 my.ini，分别修改如下变量的值：

default-character-set=utf8
character-set-server=utf8

【注意】该处是 utf8，而不是 utf-8。

(3) 重启 MySql 服务，如图 7-2 所示。

图 7-2　重启 MySql 服务

修改了 my.ini 配置文件后，必须重启 mysql 服务，修改的配置文件才能生效。初学者经常忘记该步骤，造成中文乱码问题仍不能解决。

一般来说，经过上述 3 个步骤后，中文乱码一般都能解决。另外，如果是 Web 应用程序，则 JSP 页面的编码格式也要设置为 UTF-8，保持前后台编码格式一致，才能彻底解决中文乱码问题。

7.2.3　1-N 双向关联映射统一外键问题

双向的 1-N，在 1 的一端和 N 的一端都会设置外键列，如果外键列的名称不统一，则会在 N 端的表中生成两个外键，产生数据冗余。这种情况，最好把两者的外键列的名称设置为相同，如下所示：

1 端的配置文件：

```xml
<set name="myStudentSet" cascade="all" inverse="true">
    <key column="c_id"></key>
    <one-to-many class="Student"/>
</set>
```

N 端的配置文件：

```xml
<many-to-one name="myClass" column="c_id" cascade="all"/>
```

如上所示，1 端和 N 端的外键列名均为 c_id。

7.2.4　Hibernate 3 和 Hibernate 4 二级缓存的配置区别

1. Hibernate 3 二级缓存的配置

Hibernate 3 配置二级缓存的步骤如下：

(1) 在 hibernate.cfg.xml 中配置如下代码：

```xml
<property name="hibernate.cache.use_second_level_cache">true</property>
<property name="hibernate.cache.provider_class">org.hibernate.cache.EhCacheProvider</property>
```

(2) 导入 lib\optional\ehcache 目录下的 ehcache.jar 包。

(3) 在实体映射文件<class>标签开头添加如下代码：

```xml
<cache usage="read-only"/>
```

(4) 在项目的 src 目录下添加 ehcache.xml。

2. Hibernate 4 二级缓存的配置

Hibernate 4 配置二级缓存的步骤如下：

(1) 在 hibernate.cfg.xml 中配置如下代码：

```xml
<property name="cache.use_second_level_cache"> true</property>
<property name="cache.region.factory_class">org.hibernate.cache.ehcache.EhCacheRegionFactory</property>
```

(2) 导入 lib\optional\ehcache 目录下的 jar 包：

```
ehcache-core-2.4.3.jar
hibernate-ehcache-4.2.0.Final.jar
slf4j-api-1.6.1.jar
```

(3) 在要缓存的实体类映射文件中添加如下代码：

```xml
<cache usage="read-only"/>
```

(4) 在项目 src 目录下添加 ehcache.xml。典型的 ehcache.xml 文件配置如下：

```xml
<?xml version="1.0" encoding="GBK"?>
<ehcache>
    <diskStore path="java.io.tmpdir"/>
    <defaultCache
        maxElementsInMemory="10000"  <!-- 缓存最大数目 -->
        eternal="false"  <!-- 缓存是否持久 -->
        overflowToDisk="true"  <!-- 是否保存到磁盘，当系统当机时-->
        timeToIdleSeconds="300"  <!-- 当缓存闲置 n 秒后销毁 -->
        timeToLiveSeconds="180"  <!-- 当缓存活 n 秒后销毁-->
        diskPersistent="false"
        diskExpiryThreadIntervalSeconds= "120"/>
</ehcache>
```

7.2.5 Hibernate 生成表的默认名称对 Linux 和 Windows 的区别

如果涉及跨平台开发和部署，则应注意这一点。如对以下的实体：

```java
@Entity
public class UserLogin {
    private String id;
    private String password;
    private UserType userType;
//其他省略
}
```

- Windows：默认生成的表名为 UserLogin，对 MySql 不区分大小写。
- Linux：MySql 是区分大小写的，如果把 Windows 下的 sql 脚本直接导入 Linux，则表名可能全部要为小写，会造成 Linux 不能把数据表和相应的映射类对应起来，进而在运行时出错。

结论：在定义实体类时，最好能加上表名，这样保证以后跨平台移植时较为方便。好的习惯很重要，如下代码是一种良好的编程习惯，可以预防该种错误：

```java
@Entity
@Table(name="UserLogin")
public class UserLogin {
    private String id;
```

```
    private String password;
    private UserType userType;
//其他省略
}
```

7.2.6 Linux 和 Windows 对路径表示方式的区别

在文件上传下载时，经常会涉及文件的路径，但是 Windows 和 Linux 对于路径的表示方式有所差异。对如下代码：

```
ServletActionContext.getServletContext().getResourceAsStream("/model/model.xls");
```

此种表示方式，对于 Windows 和 Linux 都是可以识别的。

```
ServletActionContext.getServletContext().getResourceAsStream("\\model\\model.xls");
```

此种表示方式，对于 Windows 是可以识别的，但对于 Linux 则无法识别。

结论：在编程中，为了以后的兼容性考虑，路径一律使用"/"，可以避免该种错误出现。

7.3 Spring 框架常见问题

1. 与 Struts 整合时修改 web.xml 文件

Struts 框架和 Sping 框架整合时，为了在 Web 项目启动时就初始化 Spring 容器，需要在 web.xml 文件中增加如下内容：

```
<listener>
    <listener-class>
        org.springframework.web.context.ContextLoaderListener
    </listener-class>
</listener>
```

2. 与 Struts 整合时额外添加的 jar 包

把 SSH 框架各自必需的 jar 包添加完后，还要添加 struts2-spring-plugin-2.1.6.jar 这个包，这个 jar 包位于 Struts 框架之下。

7.4 一切问题的根源

做项目时总会遇到这样那样的问题，这是不可避免的。在学习阶段，对于这些问题都必须一一弄清楚。有人说，编程真难，不易掌握，其实不然，科学实验证明，人脑的复杂程度比计算机更高。即使发展到今天，最先进的计算机处理能力，从综合性来说，还是不及人脑的。

所以，编程并不难。难的是遇到问题是否具备能够积极面对问题，进而主动解决的态度和行为；难的是是否具备一种追求上进，不断肯定自己、超越自己的理念和坚持。这是做好任何事情的前提条件，不仅仅是编程。编程入门是简单的，但真正精通的人并不多，就是因为大部分总是浮在表面，遇到问题总是回避造成的。直面问题，积极寻求解决的方法，问题会越来越少；反之，问题会越来越多。

计算机实际上很单纯，开发者让它做什么，它就做什么。计算机只是机械地执行开发者的指令，而编程就是这些指令的产生过程。如何让这些指令可以具有更好的可扩展性、可维护性，并且把一些重复的指令封装起来，以适用典型的各种应用，这就是设计模式和各种框架出现的原因。编程，靠积累，靠总结，靠态度。所以，对于开发者来说，明白这个道理了，编程就简单了。

路漫漫其修远兮，吾将上下而求索。对于编程，这句话尤其适用。